数字水印
技术及其应用

楼偶俊 祁瑞华 邬俊 唐双童 著

U0209742

清华大学出版社
北京

内 容 简 介

数字水印技术是近些年国际学术界兴起的一个前沿研究领域,与信息隐藏、数据加密、信息安全等均有密切的关系。本书主要内容包括数字水印系统的基本模型和算法分析、用于版权保护的鲁棒性透明水印,具体包括能抵抗一般性图像处理等非几何攻击的水印技术和基于特征点的抗几何攻击的水印技术、传统的 DCT 和 DWT 变换域上的数字水印技术、最新的 Contourlet 变换域水印技术、基于神经网络的半色调图像水印技术、非压缩域和压缩域空间的视频水印技术。

本书取材广泛,内容新颖,具有很强的理论性、应用性与系统性,充分反映了近几年数字水印领域的最新研究成果。可供从事数字水印、信息安全、版权保护、隐蔽通信、真伪鉴证、计算机网络安全、防复制数字图像、视频保护以及防止视频盗版等领域的科技人员与教学人员阅读、参考,也可以作为信息领域和相关领域高等院校研究生的教科书或教学辅导书。

图书在版编目(CIP)数据

数字水印技术及其应用/楼偶俊等著.—北京:清华大学出版社,2018
ISBN 978-7-302-49202-3

Ⅰ. ①数… Ⅱ. ①楼… Ⅲ. ①电子计算机-密码术-研究 Ⅳ. ①TP309.7

中国版本图书馆 CIP 数据核字(2017)第 330922 号

责任编辑: 贾 斌 薛 阳
封面设计: 何凤霞
责任校对: 焦丽丽
责任印制: 李红英

出版发行: 清华大学出版社
　　　　网　　址:http://www.tup.com.cn,http://www.wqbook.com
　　　　地　　址:北京清华大学学研大厦 A 座邮　　编:100084
　　　　社 总 机:010-62770175　　　　邮　　购:010-62786544
　　　　投稿与读者服务:010-62776969,c-service@tup.tsinghua.edu.cn
　　　　质量反馈:010-62772015,zhiliang@tup.tsinghua.edu.cn
　　　　课件下载:http://www.tup.com.cn,010-62795954
印 装 者: 三河市国英印务有限公司
经　　销: 全国新华书店
开　　本: 170mm×230mm　　**印　张:** 15.5　　**字　　数:** 273 千字
版　　次: 2018 年 11 月第 1 版　　　　**印　　次:** 2018 年 11 月第 1 次印刷
印　　数: 1~1000
定　　价: 69.80 元

产品编号:074681-01

前 言

FOREWORD

　　随着网络技术与多媒体技术的迅猛发展，多媒体数据正逐渐成为人们获取信息的重要来源，并已成为人们生活的重要组成部分。应该说，多媒体数据的数字化不仅为多媒体信息的存取提供了极大的便利，而且极大提高了信息表达的效率和准确性。人们可以通过 Internet 发布自己的作品，传递重要信息，进行网络贸易等。然而，数字化的多媒体信息极易被无限制任意编辑、复制与散布。例如，现代盗版者只需轻点几下鼠标便可获得与原版一样的复制品，并以此获取暴利；而一些具有特殊意义的信息，如涉及司法诉讼、政府机要等信息，则会遭到恶意攻击和篡改伪造等。这一系列数字化技术本身的可复制和广泛传播性所带来的负面效应，已成为影响信息产业健康、持续发展的一大障碍。目前，包括版权保护、内容认证等在内的多媒体信息安全问题已变得日益突出，且已成为数字世界中非常重要和紧迫的议题。

　　数字水印技术是国际信息安全学术界研究的一个前沿方向，为多媒体的安全保存和传送开辟了一条全新的途径。数字水印技术是集数学、密码学、信息论、概率论、计算复杂度理论、计算机网络以及计算机应用技术于一体的多学科交叉综合性高新技术。目前还没有形成完整的理论体系，存在很多亟待解决的难题，但数字水印技术已经作为多媒体信息版权保护及完整性验证最有效的手段，成为目前国际学术界研究的一个热点。介绍数字水印技术的最新研究成果，反映当前最新的研究方向是本书的主要目标。

　　本书共包含 16 章。第 1 章和第 2 章介绍了数字水印的相关概念，数字水印技术的基础理论，数字水印技术常用的变换方法：提升方案小波和 DCT 变换的基本理论，并分析了国内外研究现状和发展趋势等基本问题。第 3～5 章详细介绍了三种具体的图像水印技术：提升方案小波和 DCT 的图像盲水印算法，基于峰值信噪比的迭加量化公开水印算法和基于神经网络的半色调图像水印算法。第 6 章介绍抗几何攻击的图像水印技术,包括几何攻击对图像水印技术的影响和现有的抗几何攻击算法等问题。第 7～10章详细介绍了 4 种抗几何攻击的图像水印技术:基于归一化图像重要区域的图像水印算法,基于 DWT 域的抗几何攻击水印算法,基于自适应特征区域的图像水印算法和基于仿射不变特征点的抗几何攻击水印算法。第 11 章详细介绍了 Contourlet 变换的基本理论和特征,并介绍了两种基于Contourlet 变换的水印技术。第 12 章介绍了视频水印技术的相关概念、视频水印技术研究现状和发展趋势。第 13～16 章详细介绍了 4 种视频水印技术:基于提升方案小波和 HVS 特性的自适应视频水印算法,基于特征区域的抗几何攻击视频水印算法,基于帧差纹理方向的自适应视频水印算法和基于运动特征的视频水印算法。

本书内容具有如下特点。

(1) 内容新颖。本书内容主要是对近几年最新的数字水印理论与技术进行介绍,而不是大量地介绍熟知的论文与方法。

(2) 内容全面。本书既介绍了基于图像内容的一代水印技术,又介绍了基于特征的第二代水印技术;既介绍了对于常规图像处理具有鲁棒性的水印技术,又介绍了对几何攻击具有高鲁棒性的基于特征的抗几何攻击水印技术;既介绍了图像水印技术,又介绍了非压缩中的视频水印技术和压缩域空间的视频水印技术等。

(3) 理论性强。本书介绍了许多与数字水印相关的基础理论,例如水印技术的基本框架、水印技术的评价系统、Contourlet 变换、提升方案小波、特征点提取算法、视频压缩编码国际标准等。

借本书出版之际,衷心感谢王相海教授和王钲旋教授在本书编写过程中给予的指导、支持和鼓励,同时感谢崔东峰、陈恒、景雨、巩庆志、李绍华给予的帮助和启发。

本书的出版得到了大连外国语大学出版资助项目(2016CBZZ05)、国家自然科学基金项目(61501082)、辽宁省自然科学基金项目(20170540232)、辽宁省教育厅科学研究一般项目(L2015137)和辽宁省社会科学规划基金项目(L15CGL009)的资助,在此表示感谢。

由于作者水平有限,书中难免会有疏漏与不妥之处,欢迎读者不吝指正。

目　录
CONTENTS

第 **1** 章　　　　　　绪　论

1.1　数字水印技术相关概念

随着因特网和多媒体技术的发展,数字多媒体信息(图像、视频、音频等)的存储、复制与传播变得非常便利。人们可以通过网络发布自己的多媒体作品,传递各种信息,进行网络贸易等。数字技术的飞速发展以及互联网的普及,给人们的工作和生活带来巨大便利,但随之而来的副作用也十分明显。例如,任何人都可以通过网络轻而易举地获取他人的原始作品,尤其是数字化的图像、音乐、电影等,盗用者不但可以通过非法手段获取电子数据,而且可以未经作者的同意对原作品任意地加以复制、修改、生产和再传输等,这些不法行为严重地侵害了作者的著作权,给版权所有者带来巨大的经济损失,也给信息安全造成强烈的冲击。如何既充分利用网络的便利,又能有效地保护知识产权,已受到人们的高度重视。因此,迫切需要一种新的技术来保护数字化作品的版权、真实性和完整性,以及用户的隐私、产权和财产安全等。目前,包括版权保护、内容认证等在内的多媒体信息安全问题变得日益突出,已成为数字世界中一个非常重要和紧迫的议题。

多媒体信息安全是集数学、密码学、信息论、概率论、计算复杂度理论、计算机网络以及计算机应用技术于一体的多学科交叉、综合性高的新技术。多媒体信息安全技术主要包括两方面内容:多媒体加密技术和多媒体数字水印技术。其中,多媒体加密技术就是将明文数据(多媒体数据)加密成密文数据,使得在网络传递过程中非法拦截者无法从中获得信息,从而达到保密的目的。由于多媒体加密技术是将多媒体数据加密后再进行传送,从而使没有密钥的人难以获取加密信息,它限制了多媒体数据信息的交流,而且存在保护范围较小、安全性不足和流通性较差等弱点。因此,多媒体加密技术只能解决数字信息内容的保密,却无法解决多媒体信息的版权保护和内容认证等问题。

目前,数字水印技术(Digital Watermarking)已成为国际信息安全学术界研究的一个前沿方向,为多媒体的安全保存和传送开辟了一条全新的途径[1-3]。数字水印通过在原始数据中嵌入版权信息,即水印来保证该数据信息的所有权,这种被嵌入的水印可以是一段文本、标识、序列号、图像等各种数字信号。而且这种水印通常是不可见的,它与原始数据紧密结合并且隐藏在其中,可以经历一些不破坏原数据使用价值或商用价值的操作而能保存下来。在需要时,能够通过一定的技术检测方法提取出水印,以此作为判断媒体的版权归属和跟踪起诉非法侵权的证据。数字水印为多媒体数据文件在认证、防伪、防篡改、保障数据安全和完整性等方面提供了有效的技术手段。

数字水印技术的研究既有学术上的意义,更有实际的应用价值。

从学术上看,数字水印技术是新兴交叉学科——信息隐藏技术的一个主要分支[4]。信息隐藏作为一种新的信息安全技术,它与传统的密码学之间存在本质的区别:密码学是对信息的内容加以保密,一个显著的弱点是密文容易引起攻击者的注意;而信息隐藏是对信息本身或信息的存在位置的保密,数字水印是这门新兴交叉学科的一个重要分支。因此,数字水印的理论与应用研究有利于信息隐藏技术的应用及发展。

此外,从实际应用上来看,数字水印潜在的主要应用领域如下。

(1) 版权保护[5-9]。版权标识水印是目前研究最多的一类数字水印。由于数字作品的复制、修改非常容易,而且可以做到与原作完全相同,所以原创者不得不采用一些严重损害作品质量的办法来加上版权标志,而这种明显可见的标志很容易被篡改。数字作品的所有者可用密钥产生一个水印,并将其嵌入原始数据,然后公开发布其水印版本作品。当该作品被盗版或出现版权纠纷时,所有者即可从盗版作品中获取水印信号作为依据,从而保护所有者的权益。目前用于版权保护的数字水印技术已经进入了初步实用化阶段,IBM 公司在其《数字图书馆》软件中就提供了数字水印功能,而Adobe 公司也在其著名的 Photoshop 软件中集成了 Digimarc 公司的数字水印插件。

(2) 内容认证[10,11]。如果数字水印不具有鲁棒性,则当数字媒体受到处理时,嵌入到其中的水印信息不可避免地会被破坏;根据水印被破坏的情况可以对数字媒体进行内容认证。此时,数字水印具有易碎性(或是半易碎性）：对改变媒体内容的处理不具有任何鲁棒性，对不改变媒体内容的处理具有一定的鲁棒性，在此方面优于数字签名技术。

（3）加指纹[12-15]。如果嵌入到数字媒体中的数字水印用以标记媒体的使用者，当出现侵权行为时，通过检测水印信息便可跟踪盗版。此时数字水印被称为数字指纹，它要求水印信息具有很高的鲁棒性。为避免未经授权的复制、制作和发行，出品人可以将不同用户的 ID 或序列号作为数字指纹嵌入作品的合法副本中。一旦发现未经授权的副本，就可以根据此副本所恢复出的指纹来确定它的来源。

（4）篡改提示[16]。当数字作品被用于法庭、医学、新闻及商业时，常需确定它们的内容是否被修改、伪造或特殊处理过。为实现该目的，通常可将原始图像分成多个独立块，在每个块中加入不同的水印。同时可通过检测每个数据块中的水印信号来确定作品的完整性。与其他水印不同的是，这类水印必须是脆弱的，并且在检测水印信号时，不需要原始数据。

（5）标题与注释[17,18]。即将作品的标题、注释等内容以水印形式嵌入该作品中，这种隐式注释不需要额外的带宽，且不易丢失。

（6）使用控制[9]。这种应用的一个典型的例子是 DVD 防复制系统，即将水印信息加入 DVD 数据中，这样 DVD 播放机即可通过检测 DVD 数据中的水印信息而判断其合法性，从而保护制造商的商业利益。

（7）商务交易中的票据防伪[19]，随着高质量图像输入输出设备的发展，特别是高精度彩色喷墨、激光打印机和高精度彩色复印机的出现，使得货币、支票以及其他票据的伪造变得更加容易。

随着水印技术研究的深入，已有许多不同的优秀算法，但大多数水印算法只不过具有对抗一般信号处理的稳健性。它们甚至不能抵抗微小的几何攻击，水印对抗几何攻击仍是一个十分困难且极具挑战性的课题。对该课题的研究刚起步不久，如何解决在恰当变换域中的抗几何攻击问题具有重要意义。因此，无论从学术上还是从应用上，研究鲁棒性的数字水印技术都是十分有意义的。

1.2　数字水印的研究现状

数字水印的产生最初是源于对数字产品的版权保护。其起源可追溯到 1954 年，Muzak 公司的 Emil H. M. 为自己的音乐作品添加了水印，并申请了一项专利。但直到 20 世纪 90 年代，数字水印才作为一个研究课题得到了足够的重视，Tanka K. 等[20]在 1990 年、Caronni G.[21]与 Tirkel A.[22]等在 1993 年先后发表了第一批研究数字水印技术的文章。1994 年发表了第一篇明确的以 Digital Watermarking 命名的论文[23]。之后，便出现了"数字水印"。

由于数字水印技术的研究具有重要的学术价值和广阔的应用前景，得到了学术界的广泛重视。1996 年，权威国际会议 IEEE Internation Conference on Image Processing（ICIP）开始把水印技术作为专题以及第一届信息隐藏国际会议的召开，标志着水印技术成为信息技术领域一个重要的研究方向。

在美国，以麻省理工学院媒体实验室为代表的一批研究机构和企业已经申请了数字水印方面的专利。1998 年，美国政府报告中出现了第一份有关图像数据隐藏的 AD 报告。目前，已支持或开展数字水印技术研究的机构既有政府部门，也有大学和知名企业，它们包括美国财政部、美国版权工作组、美国空军研究院、美国陆军研究实验室、德国国家信息技术研究中心、日本 NTT 信息与通信系统研究中心、麻省理工学院、伊利诺依大学、明尼苏达大学、剑桥大学、瑞士洛桑联邦工学院、西班牙 Vigo 大学、IBM 公司 Watson 研究中心、微软公司剑桥研究院、朗讯公司贝尔实验室、CA 公司、Sony 公司、NEC 研究所，以及荷兰菲利浦公司等。

我国学术界对数字水印技术的研究与发展也非常快，已经有相当一批有实力的科研机构投入到这一领域的研究中来。为了促进数字水印及其他信息隐藏技术的研究和应用，1999 年 12 月，我国信息安全领域的何德全院士、周仲义院士、蔡吉人院士与有关应用研究单位联合发起召开了我国第一届信息隐藏学术研讨会。2000 年 1 月，由国家"863"智能机专家组和中国科学院自动化所模式识别国家重点实验室组织召开了数字水印学术研讨会，来自国家自然科学基金委员会、国家信息安全测评认证中心、中国科学院、北京邮电大学、国防科技大学、清华大学、北方工业大学、上海交通大学、天津大学、中国科技大学、北京大学、北京理工大学、中山大学、北京电子技术应用研究所等单位的专家学者和研究人员深入讨论了数字水印的关键技术，报告了各自的研究成果。从这次会议反映的情况上看，我国相关学术领域的研究与世界水平相差不远，而且有自己独特的研究思路。

到目前为止，数字水印从研究对象上看主要涉及图像水印[24-28]、视频水印[29-33]、音频水印[34,35]、文本水印[36,37]等几个方面，其中大部分的水印研究和论文都集中在图像方面，其原因在于图像是最基本的多媒体数据，且互联网的发展为图像水印的应用提供了直接大量的应用需求。另外,视频水印也吸引了一些研究人员,因为视频可以看成时-空域上的连续图像序列。从某种意义上讲,它与图像水印的原理非常类似,许多图像水印的研究结果可以直接应用于视频水印上。但两者有一个重要的差别在于处理信号的数量级上,特别是视频水印需要考虑实时性的问题。

目前大部分数字水印的研究主要集中于图像水印方面,这使得公开发表的图像水印算法较多,很难对所有算法进行回顾,但大多数水印算法的基本原理大致相同,从嵌入方法上一般分为空间域和变换域两种方法,除此之外,还有其他一些非主流水印处理算法。

1. 空间域水印算法

较早的数字水印算法从本质上说都是空间域上的,数字水印直接加在数据上。一般而言,空间域水印算法计算速度比较快,可以提供简洁有效的水印嵌入方案,且具有较大的信息嵌入量。但生成的水印具有一定的局部性,难以抵抗常见的图像处理的攻击及噪声干扰的影响,鲁棒性较差。常见的空域水印算法可分为以下几类。

(1) 最低有效位算法(Least Significant Bit,LSB)。

最低有效位算法是 Turner L. F. [38]和 Van Schynd R. G. [39]等提出的第一个数字水印算法。该方法使用特定的密钥,由序列发生器产生随机信号。然后将该信号按一定的规则排列成二维形式作为水印信号,插入到原始图像或音频信号的最低几位,从而实现数字水印的嵌入。Wolfgang 等[40]把 m 序列扩展到二维,并应用互相关函数改进了检测过程,算法鲁棒性有一些提高。Fleet[41]把 LSB 应用于彩色图像,算法的优点是信息的隐蔽性好,在视觉上很难被用户察觉。现在用于网上的一些简单的信息伪装软件,大多采用 LSB 算法和调色板相关技术,将信息隐藏在 24 位图像或 256 色图像之中。然而最低有效位的数据最有可能在常见的信号处理过程(如数据压缩和低通滤波)中丢掉,因此隐藏的信息比较脆弱,无法经受一些有损的或无损的信号压缩处理。

(2) 文档结构微调算法。

该算法用于 PS 或 PDF 文档中的数字水印隐藏。Brassil 等[42,43]提出了几种在通用文档图像中隐藏特定二进制信息的技术,他们利用文档的特点,在不易觉察的范围内,细微改变文档的行间距、字间距和字符特性等方式来实现水印的嵌入。这种水印的安全性主要靠隐蔽性来保证。

（3）Patchwork 方法及纹理块映射编码算法。

这两种方法都是 Bnder 等[44]提出的。Patchwork 法是一种基于统计的数字水印嵌入算法。该方法通过任意选择 N 对像素点，在增加一点亮度值的同时相应降低另一点的亮度值，将 1b 的信息隐藏于数字媒体中。该算法具有较强的不易觉察性，对有损压缩编码、剪切和灰度校正等恶意攻击有较强的抵抗性。缺点是隐藏的数据量少，对仿射变换敏感，不能抵御多拷贝平均攻击。

纹理块映射编码方法（Texture Block Coding）则是将数字信息隐藏于载体的纹理部分。该算法对于滤波、压缩和扭转等操作具有一定的抵抗能力，但仅适用具有大量纹理区域的图像，而且尚不能完全自适应。

2. 变换域水印算法

变换域中可以嵌入大量比特数据而不会破坏宿主数据的使用价值，往往采用类似于扩频图像的技术来隐藏水印信息。从频域上看，水印信息分布于整个频谱上，无法通过一般的滤波手段恢复，这样可以更好地抵抗消除攻击。因此该算法将会逐步应用于版权保护技术中，并占据重要位置。

从综合性能分析，空间域的数字水印方法应用领域较窄，对一些攻击的抵抗性较差。频率域水印算法的主要优点如下。

（1）在频率域中嵌入的水印信号，其能量可以分布到空间域的所有像素上，有利于保证不可见性。

（2）在频率域，HVS 的某些特性（如视觉掩蔽特性、频率掩蔽特性）可以更方便地结合到水印编码过程中，有利于提高鲁棒性。

（3）变换域的方法可与国际数据压缩标准兼容，对有损压缩和其他的信号处理具有较强的免疫力。

变换域水印技术一般基于常用的图像变换，可以基于局部变换或者全局变换，包括 DCT 变换、DWT 变换、DFT 变换、FMT 变换和近几年刚刚被涉及应用的 Contourlet 变换等。

1）DCT 域的数字水印算法

基于 DCT 的水印算法不但和现有的国际压缩标准（JPEG、MPEG 等）兼容，而且具有很好的心理视觉模型可供参考，所以一直受到研究者的关注。

Koch 等[45,46]首先提出 DCT 域图像水印算法，将图像分成彼此互不相交的 8×8 的方块，然后对每一块实施 DCT 变换。为了在每一 DCT 块中嵌入一个比特,从 DCT 块中预先定义的 12 对中频 DCT 系数中选择一对,并根据水印比特值在这对中频系数之间调制一个差值。为了适应 JPEG 有损压缩,DCT 系数调制时参照 JPEG 量化矩阵来确定差值的大小。这种方法对压缩质量因子为 50% 以上的 JPEG 压缩有很好的鲁棒性。

Cox 等人[47]提出了基于图像全局变换的数字水印算法。他们的重要贡献是明确提出加载在图像的视觉敏感部分的数字水印才能有较强的鲁棒性。该算法不仅在视觉上具有数字水印的不可见性,而且鲁棒性非常好,可以经受有损 JPEG 压缩、滤波、D/A 和 A/D 转换及重量化等信号处理,也可经受一般的几何变换,如剪切、缩放、平移及旋转等操作。

此外,Zhao R. M. 等[48]、Belkacem S. 等[49]、Chen C. C. 等[50]、Betancourth G. P. 等[51]和 Al-Gindy A. N. 等[52]也在 DCT 域上做了很多有实际意义的研究。

2) DFT 域的数字水印算法

DFT 方法是利用图像的 DFT 的相位嵌入信息的方法。研究证明一幅图像的 DFT 的相位信息比幅值信息更为重要,且在通信理论中相位信号的抗干扰能力比幅值信号抗干扰的能力强,同样在图像中利用相位信息嵌入的水印也比用幅值信息嵌入的水印更稳健。而且根据幅值对 RST(旋转(Rotation),等比例缩放(Scale)、平移(Translation))操作的不变性,所嵌入的水印能抵抗图像的 RST 操作。目前最具有代表性的 DFT 域的水印算法是由 O'ruanaidh J. 等[53]提出的两个水印算法,实验证明算法对 RST 攻击具有较好的鲁棒性,不足是抗压缩的能力较弱。Solachidis V. 等[54]进一步改进,提出了在 DFT 域中嵌入一个圆形对称的水印,所提的算法提高了对抗压缩的能力。

3) DWT 域的数字水印算法

DWT 是一种时间-尺度(时间-频率)信号的多分辨率分析方法,在时、频两域都具有表征信号局部特征能力。根据人类视觉系统的照度掩蔽特性,将水印嵌入到图像的纹理和边缘等区域不易被察觉。相应于图像的小波变换,图像的纹理、边缘等信息主要表现在 HH、HL 和 LH 细节子带中一些有较大值的系数上。我们可以通过修改这些细节子带的某些系数来嵌入水印信息。

Kundur D. 等在文献[55-57]中提出了基于小波变换的私有水印和公开水印算法。前者将图像和要嵌入的水印信息分别做小波分解,此方法在提取水印时需要原始图像;后者对小波系数做特殊的量化后嵌入信息,此方法提取水印时不需要原始图像。

黄达人等[58]提出的水印算法用自适应的思想对嵌入系数进行了筛选，首先在小波图像的低频系数中嵌入水印，若水印未完全嵌入，剩余水印再按小波图像频带重要性的排序嵌入高频带。该算法还指出，水印嵌入到小波低频系数和高频系数需要用不同的嵌入策略。Niu M. X. 等[59]提出一种基于多分辨率分解的数字图像水印算法，算法所使用的水印是灰度图像。水印和原始图像用不同的机制分解为三级多分辨率结构，被分解的水印信息进行进一步纠错编码，每一级水印信息嵌入到图像的相应分辨率级上。实验结果表明，上述算法对常见的图像操作具有鲁棒性。Zhang X. D. 等[60]提出基于树形空间频率特性的小波变换域图像水印算法。该方法将水印序列嵌入到图像的高活动纹理区域，该区域具有人类视觉系统 JND 容忍度的最大限度。仿真实验表明，上述算法可以在鲁棒性和透明性之间实现很好的折中。Xu Y. L. 等[61]则把水印嵌入到小波变换的低频子带中，并根据嵌入位置所对应的低频及高频区域确定一种自适应嵌入方式。实验表明，算法对常见的图像处理攻击具有较好的鲁棒性。

4）Contourlet 域的数字水印算法

Contourlet 变换是小波变换的一种扩展，是一种多分辨率的、局域的、多方向的图像表示方法。它的优点在于能够仅使用少量系数就可以有效地表示平滑轮廓，而平滑轮廓正是自然图像的重要特征。Baaziz N.[62]首先提出在 Contourlet 域中嵌入水印，并且证实在 Contourlet 域中嵌入水印在同条件下优于水印嵌入到 DWT 域中。Jayalakshmi M. 等[63]把水印嵌入到方向子带中系数绝对值大的系数上；Ali Bouzidi 等[64]则是从方向子带中提取出具有显著特征的点作为水印嵌入。李海峰等[65]将水印嵌入到能量较大的 Contourlet 变换方向子带中。Song H. H. 等[66]则是将水印嵌入 Contourlet 域中系数最大的方向子带中。上述基于 Contourlet 域的水印算法均具有较好的透明性与鲁棒性。由于 Contourlet 变换具有多尺度、局部化和方向性等特性，它能比小波更优地表示二维图像，所以基于 Contourlet 域的水印技术将是水印技术研究的另一个重要方向。本章就对基于 Contourlet 域的水印技术做了一些研究。

3. 其他水印算法

1）NEC 算法

该算法由 NEC 实验室的 Cox 等[67-69]提出，在数字水印算法中占有重要地位。其实现方法是首先以密钥为种子来产生伪随机序列，该序列具有高

斯 $N(0,1)$ 分布,密钥一般由作者的标识码和图像的哈希值组成。其次对图像做 DCT 变换,最后用伪随机高斯序列来调制(叠加)该图像除直流(DC)分量外的 1001 个最大的 DCT 系数。该算法具有较强的鲁棒性、安全性、透明性等。而且该算法还提出了增强水印鲁棒性和抗攻击算法的重要原则,即水印信号应该嵌入数据中对人感觉最重要的部分;水印信号由独立同分布随机实数序列构成,该实数序列应该具有高斯 $N(0,1)$ 分布的特征。

2) 基于视觉模型算法

利用从视觉模型导出的 JND[70,71] 来确定图像各个部分所能容忍的水印信号的最大强度,从而避免在水印嵌入过程中破坏图像的视觉质量。也就是说,此算法根据人眼的视觉模型来确定与图像相关的调制掩膜,并用其来加入水印,这样的处理方式具有比较好的鲁棒性和隐蔽性。

3) 基于奇异值分解算法

基于奇异值分解(Singular Value Decomposition,SVD)是图像变换的一种方式,由于图像的奇异值分解对各种图像处理及转置、镜像、旋转、放大和平移等的几何失真具有一定的不变性,所以基于奇异值分解的水印算法受到了一些研究者的重视。文献[72-74]提出了各种基于整幅图像 SVD 的水印方法,通过改变整幅原始图像的所有或者部分奇异值来实现水印的嵌入。但这些方法对水印的提取需要原始图像或其变换后的一些信息。文献[95,96]提出了基于图像分块 SVD 的水印方法:陈永红等[75]根据水印信息,有规律地改变图像子块最大三个奇异值的小数部分来实现水印的嵌入;胡志刚等[76]采用量化策略,根据水印信息和量化步长,改变图像子块的最大奇异值,或者等比改变子块的所有奇异值。这些方法对水印的提取无需原始图像,实现了水印的盲提取。

随着图像数字水印算法研究的深入,研究人员提出了其他类型的算法,其中包括基于独立分量分析(Independent Component Analysis,ICA)的数字水印技术[77,78]以及基于神经网络的图像水印技术[79,80]等。

1.3 数字水印技术的发展趋势

无论是国内还是国外,对于数字水印技术的研究都还很不成熟,甚至在有些问题上(如嵌入对策、水印结构等方面)还存在着完全不同的观点和做法,其应用也处于初级阶段。总的来说,数字水印技术的研究和发展正呈现以下趋势。

1. 基础理论研究方面

水印技术的基本原理和基本方法尚未得到充分的研究。比如,无论从信号处理理论,还是从图像处理理论上讲,对水印技术的理论模型研究,对水印载体的信号容量计算分析等都缺乏深入的研究。

2. 应用基础研究方面

应用基础研究的主要方向是针对多媒体信号,研究相应的水印隐藏与解码算法,以及能抵御各种攻击的鲁棒性数字水印技术。对于数字水印的结构设计,利用有意义的、保密性更好的图像编码取代随机序列作为水印更具实用价值。但图像编码的信息量远远大于随机序列,因此,嵌入水印后,载体图像的不可见性较难保证。另外,采用相似函数法就可检测出载体中是否包含随机序列水印。而对于图像水印来说,由于具有一定的实际含义,因此除了利用相似检测方法外,还需要利用提取算法恢复出图像水印,这往往比水印嵌入更具技术难度。

在水印嵌入对策上,研究鲁棒性好的数字水印嵌入算法仍是数字水印的最重要的发展方向。由于 DCT、DWT 和 Contourlet 等在图像处理和数据压缩领域中的特殊地位,基于人类视觉系统的 Contourlet 域或 DWT 域的自适应水印算法的研究,包括对视觉特征本身的研究将继续成为主流。对于一些特殊的对象,单一的技术不能解决问题。因此,将空间域和频率域水印算法相结合的混合型水印算法也将成为该领域有前途的研究方向。在水印检测方面,如何降低在失真的水印图像中检测数据的错误概率问题,以及在科学地比较算法的优劣方面还需要做深入的研究。

3. 水印抗几何攻击的能力有待提高

几何攻击破坏载体数据和水印的同步性,使得水印相关检测失效或使恢复嵌入的水印成为不可能,几何攻击比简单攻击更加难以防御。目前绝大部分水印只能抵抗常见的图像处理攻击,甚至不能抵抗微小的几何攻击,即现有的水印技术抵抗同步攻击的能力很差。抗几何攻击的数字水印技术研究是目前最具有挑战性的工作之一。

4. 视频和音频水印的解决方案还不完善

大多数的视频水印算法实际上是将其图像水印的结果直接应用到视频领域中,而没有考虑视频编码的具体特性以及近乎实时处理的要求。从今后的发展上看,水印在包括 DVD 等数字产品在内的视频和音频领域将有极为广阔的应用前景,如何设计成熟的、合乎国际规范的水印算法仍然悬而未决。

小结

本章主要介绍了数字水印技术的相关概念、数字水印技术——图像水印算法和视频水印算法的研究现状;进而介绍了数字水印技术的发展趋势。

参考文献

1. Wang S M,Zhao W D,Wang Z C. A novel gray scale watermarking algorithm in wavelet domain[C]. IEEE International Conference on Information and Automation, Changsha,Peoples R China,June 20-23,2008,1-4:470-475.

2. Chen B W,Zhao J Y,Wang D L. An adaptive watermarking algorithm for mp3 compressed audio signals [C]. 25th IEEE Instrumentation and Measurement Technology Conference,Victoria,Canada,May 12-15,2008:1057-1060.

3. Cruz C,Reyes R,RNakano M,Perez H. Image content authentication system based on semi-fragile watermarking[C]. 51st Midwest Symposium on Circuits and Systems Knoxville,TN,August 10-13,2008:306-309.

4. Stefan K,Pabien A P P.信息隐藏技术——隐写术与数字水印[M].吴秋新,等译,北京:人民邮电出版社,2001.

5. Tsai J S,Huang W B,Chen C,et al. A feature-based digital image watermarking for copyright protection and content authentication[C]. IEEE International Conference on Image Processing,San Antonio,TX,United states,September 16-19,2007,5:V469-V472.

6. Chen T H,Tsai D S. Owner-customer right protection mechanism using a watermarking scheme and a watermarking protocol [J]. Pattern Recognition,2006,39(8):1530-1541.

7. Chen N,Zhu J. A multipurpose audio watermarking scheme for copyright protection and content authentication［C］. IEEE International Conference on Multimedia and Expo,Hannover,Germany,June 23-26,2008：221-224.

8. Zhao B,Dang L,Kou W D,et al. A watermarking scheme in the encrypted domain for watermarking protocol［C］. 3rd SKLOIS Conference on Information Security and Cryptology,Inscrypt 2007,Xining,China,August 31-September 5,2007：442-456.

9. Cox I J,Miller M L,Bloom J A. Watermarking application and their properties［C］. In：Conference on Information Technology,Las Vegas,2000：6-10.

10. Queluz M P. Authentication of digital images and video：Generic models and a new contribution[J]. Signal Processing：Image Communication. 2001,16：461-475.

11. 刘彤,裴正定.同时实现版权保护与内容认证的半易损水印方案[J].北方交通大学学报,2002,26(1)：6-10.

12. Lee S,Choi H,Choi K,et al. Fingerprint-quality index using gradient components [J]. IEEE Transactions on Information Forensics and Security,2008,3(4)：791-799.

13. Choi J G,Sakurai K,Park J H. Does it need trusted third party? design of buyer-seller watermarking protocol without trusted third party[J]. Applied Cryptography and Network Security,2003,28 46(10)：265-279.

14. 任传伦,李远征,杨义先.一种安全的指纹身份认证系统的设计[J].计算机工程与应用,2003,(17)：33-34.

15. Benhammadi F,Beghdad K B,Hentous H. Fingerprint verification based on core point neighbourhoods minutiae［C］. 6th IEEE/ACS International Conference on Computer Systems and Applications,Doha,Qatar,March 31-April 4,2008：530-536.

16. Bartolini F,Cappellini V. MPEG-4 video data protection for internet distribution[C]. In：Evolutionary Trends of the Internet：Thyrrhenian International Workshop on Digital Communications,IWDC 2001,Taormina,Italy,2001：713-720.

17. Julien L T,Olivier B,Valerie G B,et al. Robust voting algorithm based on labels of behavior for video copy detection[C]. 14th Annual ACM International Conference on Multimedia,Santa Barbara,CA,United states,October 23-27,2006：835-844.

18. Julien L T,Olivier B,Valerie G B,et al. Labeling complementary local descriptors behavior for video copy detection[C]. International Workshop on Multimedia Content Representation,Classification and Security,Istanbul,Turkey,September 11-13,2006：290-297.

19. Kwok S H,Cheung S C,Wong K C,et al. Integration of digital rights management into the Internet Open Trading Protocol[J]. Decision Support Systems. 2003,34 (4)：413-425.

20. Tanka K,Nakamura Y,Matsuik. Embedding secret information into a dithered Multilevel image ［C］. Processing of the 1990 IEEE Military communications

conference,Monterey,CA,USA,September 30-October 3,1990,1: 216-220.

21. Caronni G. Ermitteln unauthorisierter verteiler von maschinenlesbaren daten[C]. Tech-nicall report,RTH ZiiRCH,Swterland,1993: 8.

22. Tirkel A. Electronic watermark[J]. Processings DUCTA,1993,(12): 666-672.

23. Tirkel A. A digital watermarking[J]. In Processings ICIP,IEEE,1994,(2): 86-89.

24. Lu W,Lu H T,Chung F L. Robust digital image watermarking based on subsampling [J]. Applied Mathematics and Computation,2006,181(2): 886-893.

25. Navas K A,Cheriyan A M,Lekshmi M,et al. DWT-DCT-SVD based watermarking [C]. 3rd International Conference on Communication System Software and Middleware and Workshops,Bangalore,India,January 6-10,2008: 271-274.

26. Cika P. The new watermarking scheme with error-correction codes[C]. 14th International Workshop on Systems, Signals, & Image Processing & Eurasip Conference Focused on Speech & Image Processing, Multimedia Communications & Services,Maribor,Slovenia,June 27-30,2007: 233-236.

27. ElShafie D R,Kharma N,Ward R. Parameter optimization of an embedded watermark using a genetic algorithm[C]. 3rd International Symposium on Communications, Control and Signal Processing,St. Julians,Malta,March 12-14,2008: 1263-1267.

28. Agarwal P,Prabhakaran B. Robust blind watermarking of point-sampled geometry [J]. IEEE Transactions on Information Forensics and Security,2009,4(1): 36-48.

29. Doerr G,Dugelay J L. A guide tour of video watermarking [J]. Signal Processing: Image Communi-cation,2003,18(4): 263-282.

30. Lin Y R,Huang H Y,Hsu W H. An embedded watermark technique in video for copyright protection[C]. 18th International Conference on Pattern Recognition,Hong Kong Peoples R China,August 20-24,2006,4: 795-798.

31. Judge P,Ammar M. WHIM: watermarking multicast video with a hierarchy of intermediaries[J]. Computer Networks,2002,39(6): 699-712.

32. Harmanci O,Mihcak M K,Tekalp A M. Watermarking and streaming compressed video[C]. 2007 IEEE International Conference on Acoustics, Speech, and Signal Processing,Honolulu HI,April 15-20,2007. I,Pts 1-3: 833-836.

33. Liu L,Lu L,Peng D Y. The design of secure video watermarking algorithm in broadcast monitoring[C]. International Conference on Information and Automation, Changsha Peoples R China,June 20-23,2008,1-4: 476-480.

34. Cvejic N,Seppanen T. Spread spectrum audio watermarking using frequency hopping and atack characterization[J]. Signal Processing,2004,84(1): 207-213.

35. Ercelebi E,Batakci L. Audio watermarking scheme based on embedding strategy in low frequency components with a binary image[J]. Digital Signal Processing,2009,19 (2): 265-277.

36. Li Q C,Dong Z H. Novel text watermarking algorithm based on Chinese characters structure[C]. International Symposium on Computer Science And Computational Technology,Shanghai Peoples R China,December 20-22,2008,2：348-351.

37. Kim M Y. Text watermarking by syntactic analysis[C]. Proceedings of the 12th Wseas International Conference on Computers,Heraklion Greece,July 23-25,2008, Pts 1-3：904-909.

38. Turner L F. Digital data security system[P]. Patent IPN WO 89/08915,1989.

39. Schyndel V R G,Tirkel A Z,Osborne C F. A digital watermark[C]. In：Internet conference on Image Processing,1994,(2)：86-90.

40. Wolfgang R B,Delp E J. Overview of image security techniques with applications in multimedia system[C]. Multimedia Networks：Security,Displays,Terminals,and Gateways. Dallas,TX,United states,November 4-4,1997,3228：297-308.

41. Fleet D J. Embedding in visible images in color images[C]. In：proceedings IEEE Internet Conference on Image Processing,Piscataway：IEEE Press,1997,1：532-535.

42. Brassil J,Low S,Maxemchuk N,et al. Electronic marking and identification techniques to discourage document copying[J]. IEEE Journal on Selected Areas in Communications,1995,13(8)：1495-1504.

43. Brassil J,Low S,Maxemchuk N,et al. Copyright protection for the electronic distribution of text document[J]. Proceedings of the IEEE,1999,87(7)：1181-1196.

44. Bender W,Gruhl D,Morimoto N,et al. Techniques for data hiding[J]. IBM Systems Journal archive,1996,35(3-4)：215-218.

45. Burgett S,Koch E,Zhao J. Copyright labeling of digitized image data[J]. IEEE Communications Magazine,1998,36(3)：94-100.

46. Zhao J,Koch E. Digital watermarking system for multimedia copyright protection [C]. In：Proceedings of the 4th ACM International Multimedia Conference,Boston, MA,USA,November 18-22,1996：443-445.

47. Cox I J,Killian J. Secure spread spectrum watermarking for multimedia[J]. IEEE Transactions on Image Processing,1997,6(12)：1673-1687.

48. Zhao R M,Lian H,Pang H W,et al. A watermarking algorithm by modifying AC coefficies in DCT domain[C]. International Symposium on Information Science and Engineering,Shanghai Peoples R China,December 20-22,2008,2：159-162.

49. Belkacem S,Dibi Z,Bouridane A. A masking model of HVS for image watermaking in the DCT domain[C]. 14th IEEE International Conference on Electronics,Circuits and Systems Marrakech,Marrakech Morocco,December 11-14,2007,1-4：330-334.

50. Chen C C,Kao D S. DCT-based zero replacement reversible image watermarking approach[J]. International Journal of Innovative Computing Information and Control, 2008,4(11)：3027-3036.

51. Betancourth G P，Haggag A，Ghoneim M，et al. Robust watermarking in the DCT domain using dual detection［C］. IEEE International Symposium on Industrial Electronics，Montreal Canada，July 9-13，2006，1-7：579-584.

52. Al-Gindy A N，Tawfik A，Al-Ahmad H，et al. A new blind image watermarking technique for dual watermarks using low-frequency band DCT coefficients［C］. 14th IEEE International Conference on Electronics，Circuits and Systems，Marrakech Morocco，December 11-14，2007，1-4：538-541.

53. O'ruanaidh J，Pun T. Rotation，scale and translation invariant spread spectrum digital image watermarking［J］. Signal Processing，1998，66(3)：303-317.

54. Solachidis V，Pitas I. Circularly symmetric watermark embedding in 2-D DFT domain ［J］. IEEE Transactions on Image Processing，2001，10(11)：1741-1753.

55. Kundur D，Hatzinakos D. Digital watermarking using multiresolution wavelet decomposition［C］. In Proceedings of IEEE ICASSP'98，Seattle，WA，USA，May 12-15，1998，5：2969-2972.

56. Kundur D，Hatzinakos D. Robust digital image watermarking method using wavelet-based fusion［C］. In International Conference on Image Processing，Santa Barbara，California，USA，October 26-29，1997，1：544-547.

57. Kundur D，Hatzinakos D. A novel blind deconvolution scheme for image restoration using recursive filtering［J］. IEEE Transsactions on Signal Processing，1998，46(2)：375-390.

58. 黄达人，刘九芬，黄继武. 小波变换域图像水印嵌入对策和算法［J］. 软件学报，2002，13(7)：1290-1297.

59. Niu X M，Lu Z M，Sun S H. Digital image watermarking based on multiresolution decomposition［J］. Electronics Letters，2002，38(14)：702-704.

60. Zhang X D，Feng J，Lo K T. Image watermarking using tree-based spatial-frequency feature of wavelet transform ［J］. Joumal of Visual Communication and Image Reresentation，2003，14：474-491.

61. Xu Y L，Zhang R. A new digital watermark algorithm based on wavelet transformation［J］. 7th International Symposium On Test And Measurement，August 05-08，2007，Beijing，Peoples R China 1(7)：1736-1739.

62. Baaziz N. Adaptive watermarking schemes based on a redundant contourlet transform ［C］. IEEE International Conference on Image Processing，Genoa，Italy，Sepetemrer 11-14，2005，1：221-224.

63. Jayalakshmi M，Merchant S N，Uday B D. Digital watermarking in contourlet domain ［C］. The 18th International Conference on Pattern Recognition，Hong Kong，China，August 20-24，2006，3：861-864.

64. Bouzidi A，Baaziz N. Contourlet domain feature extraction for image content authentication

[C]. Proceedings of the 2006 International Conference on IntelligentInformation Hiding and Multimedia Signal Processing, Pasadena, California, USA, December 18-20, 2006: 202-206.

65. 李海峰, 宋巍巍, 王树勋. 基于 Contourlet 变换的稳健性图像水印算法[J]. 通信学报, 2006, 27(4): 87-94.

66. Song H H, Yu S Y, Yang X K, et al. Contourlet-based image adaptive watermarking [J]. Signal Processing-Image Communication, 2008, 23(3): 162-178.

67. Cox I J, Kilian J, et al. Secure spread spectrum watermarking for images, audio and video [C]. Proceedings of the 1996 IEEE International Conference on Image Processing, ICIP'96. Part 2 (of 3), Lausanne, Switz, September 16-19, 1996, 3: 243-246.

68. Cox I J, Kilian J, et al. A secure, robust watermark for multimedia [C]. In: Proceedings of Info Hiding'96, Cambridge University, London, England, 1996: 185-206.

69. Cox I J, Kilian J, et al. Secure, imperceptable yet perceptually salient, spread spectrum watermark for multimedia [C]. Proceedings of the 1996 Southcon Conference, Orlando, FL, USA, June 25-27, 1996: 192-197.

70. Bouchakour M, Jeannic G, Autrusseau F. JND mask adaptation for wavelet domain watermarking [C]. IEEE International Conference on Multimedia and Expo, Hannover Germany, Jnue 23-26, 2008: 201-204.

71. Liu K C. Just noticeable distortion model and its application in color image watermarking[C]. 4th International Conference on Signal Image Technology and Internet Based Systems, Proceedings, Bali Indonesia, November 30-December 03, 2008: 260-267.

72. Liu R Z, Tan T N. An SVD-based watermarking scheme for protecting rightful ownership[J]. IEEE Transactions on Multimedia, 2002, 4(1): 121-128.

73. Ganic E, Zubair N, Eskicioglu A M. An optimal watermarking scheme based on singular value decomposition[C]. Proceedings IASTED International Conference on Communication, Network, and Information Security, New York, NY. , United states, December 10-12, 2003: 85-90.

74. 周波, 陈建. 基于奇异值分解的抗几何失真的数字水印算法[J]. 中国图像图形学报, 2004, 9(4): 506-512.

75. 陈永红, 黄席樾. 基于混沌映射和矩阵奇异分解的公开数字水印技术[J]. 计算机仿真, 2005, 22(1): 138-141.

76. 胡志刚, 谢萍, 张宪民. 一种基于奇异值分解的数字水印算法[J]. 计算机工程, 2003, 17(29): 162-164.

77. 王炎, 王建军, 黄旭明. 一种基于 ICA 的多边形曲线水印算法[J]. 计算机辅助设计与图形学学报,2006,18(7):1054-1059.

78. Thang V N,Jagdish C P. A simple ICA-based digital image watermarking scheme [J]. Digital Signal Processing,2008,18(5):762-776.

79. Wang D H,Li D M,Yan J. Robust watermark algorithm based on the wavelet moment modulation and neural network detection[C]. Advances In Neural Networks-Isnn 2008,Pt 2,Proceedings,Beijing Peoples R China,September 24-28,2008,5264:392-401.

80. Huang S,Zhang W,Feng W,et al. Blind watermarking scheme based on neural network[C]. 7th World Congress on Intelligent Control and Automation,Chongqing Peoples R China,June 25-27,2008,1-23:5985-5989.

第 **2** 章　数字水印技术的基本理论

数字水印是指具有不可感知性、鲁棒性、抗检测性、有认证敏感信息的标记；数字水印技术是指利用信号处理的方法，在数字化的多媒体数据中嵌入数字水印，并且在需要时可以提取出水印或能够证明水印的存在性的一种数字编码技术。

2.1　数字水印技术的特点

为了更好地实现数字媒体的真伪验证、安全存储、保密传输等目的，一般认为在数字媒体中嵌入的数字水印应具有如下特征。

1. 不可感知性（不可见性或透明性）

不可感知性包含两个方面：一是视觉上的不可见性，即嵌入水印导致的图像与原始图像变化对观察者的视觉系统是不可觉察的，最理想的情况是水印嵌入后的图像与原始图像在视觉上是一模一样的，这是绝大多数水印算法所应达到的要求；另一方面是即使用统计方法也不能恢复出水印的信号。水印的不可感知性是相对于被保护数据的使用而言的，如加在图像上的水印不应干扰图像的视觉欣赏效果，但并不是说水印必须不可见。事实上，虽然目前已有的大多数水印方案是不可见的，但也存在着可见的水印方案。

2. 鲁棒性

鲁棒性指水印信号在经历多种无意或有意的信号处理后，仍能保持其完整性或仍能被准确鉴别的特性。不可感知性和鲁棒性是数字水印系统的两个最重要的特性。也就是说,水印必须是不可觉察、不可预测和难以破坏的。在数字水印技术中,水印的数据量和鲁棒性构成了一对基本矛盾。从主观上讲,理想的水印算法应该既能隐藏大量数据,又可以抵抗各种信道噪声和信号变形。然而在实际中,这两个指标往往不能同时实现,不过这并不会影响数字水印技术的应用,因为实际应用一般只偏重其中的一个方面。如果是为了隐蔽通信,数据量显然是最重要的,由于通信方式极为隐蔽,遭遇敌方篡改攻击的可能性很小,因而对鲁棒性要求不高。但对保证数据安全来说,情况恰恰相反,各种保密的数据随时面临着被盗取和篡改的危险,所以鲁棒性是十分重要的,此时,隐藏数据量的要求居于次要地位。

3. 安全性

水印嵌入过程(嵌入方法和水印结构)应该是秘密的,嵌入的数字水印统计上是不可检测的,非授权用户无法检测和破坏水印。对于通过改变水印图像来消除和破坏水印的企图,水印应该能一直保持存在,直到图像已严重失真,丧失使用价值。

4. 计算有效性

水印处理算法应该比较容易用软、硬件实现。尤其是水印检测算法必须足够快,以满足在产品发行网络上对多媒体数据的管理要求。

5. 可证明性

数字水印所携带的信息能够被唯一、确定地鉴别,从而能够为已经受到版权保护的信息产品提供完全可靠的所有权归属证明。数字水印算法能够正确识别出被嵌入到保护对象中的有关信息,例如经过注册的用户的编码、产品的标识或者其他任何有意义的文字等,并且能在需要时将其提取出来作为证据。

2.2 数字水印技术的基本框架

多媒体水印的基本原理是在宿主数据中嵌入某些可以证明版权所有或者能够证明侵权行为的标识数据作为水印信息,使得水印在宿主数据中不可以感知并且足够安全。

数字水印技术由两个主要的过程构成,即:水印的嵌入过程和水印的提取过程。

水印信息可以是随机数字序列、数字标识、文本以及图像等。从鲁棒性和隐蔽性角度考虑,常常需要对水印进行随机化以及加密处理[1]。

常用的两种水印嵌入公式如下。

加性准则:

$$I_{i,j}^w = I_{i,j} + \alpha W_{i,j} \tag{2.1}$$

乘性准则:

$$I_{i,j}^w = I_{i,j}(1 + \alpha W_{i,j}) \tag{2.2}$$

式中,$I_{i,j}$,$I_{i,j}^w$分别表示原始载体图像像素和嵌入水印的图像像素;$W_{i,j}$表示水印信息分量;α表示自适应强度因子。数字水印的嵌入过程如图 2.1 所示。

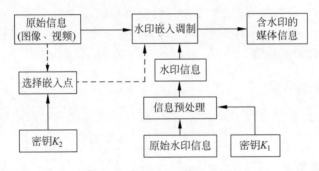

图 2.1　数字水印的嵌入过程

对于水印的嵌入过程要求是在保证水印不可见性的前提下,在适当的位置(频域或空间域)嵌入尽可能高强度的水印信息,解决这一问题的有效途径之一是充分利用人眼视觉特性来实现自适应水印嵌入。

数字水印的嵌入过程所要考虑的主要问题包括两个方面:一是水印信息的产生和预处理(通常数字水印信号的设计依赖于密钥和水印信息,可以是随机产生的,也可以是一个有意义的标识或图像,有时水印信息可以是基于媒体内容相关的);二是对原始信息进行相应的变换,根据水印算法要求,可以把原始信息变化到各种变换域中。

数字水印的嵌入实际上是通过对水印载体媒质的分析、水印信息的预处理、信息嵌入点的选择、嵌入方式的设计、嵌入调制等几个相关技术环节进行合理优化,寻求满足不易察觉性、安全可靠性和鲁棒性等诸条件约束下的最优化设计问题。而作为水印信息的重要组成部分——密钥的嵌入,则是每个设计方案的一个重要特色所在。往往可以通过水印信息预处理、嵌入点的选择等不同环节入手完成密钥的嵌入。

密钥可以用来加强安全性,利用密码和密钥禁止水印的非法提取,以避免未授权用户恢复和修改水印。系统可以使用一个密钥,也可以是几个密钥的组合。这样,即使非授权用户可以提取出水印,但在没有密钥的情况下,也无法读出水印信息,从而为原始载体提供双重的保护。当水印与私钥或公钥结合时,嵌入水印的技术通常分别称为秘密水印技术和公开水印技术。

虽然水印嵌入算法多种多样,但是水印提取过程基本上是一致的,可以用图2.2来概括描述。输入待提取(或检测)的含水印媒体信息,公开密钥或者私人密钥等(根据水印算法不同,输入也不同,如果是非盲水印,则要求输入原始媒体,如果是盲水印,则不用),输出原始水印信息或者判定是否含有水印的检测结果。

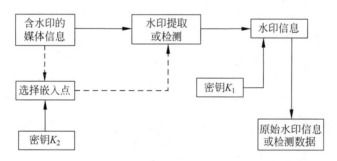

图 2.2　数字水印的提取过程

嵌入到媒体中的水印用来证明版权所有或跟踪侵权行为,因此水印信号的提取和恢复是水印技术必不可少的组成部分。按照水印提取是否需要密钥和原始媒体,可把水印检测分为盲水印和非盲水印。水印的提取过程是对水印嵌入过程的检测,水印提取可按不同的要求分为水印提取和水印检测。如果要证明被检测的媒体中是否含有指定的水印,则需要利用相关信息恢复出水印。如果只需要检测媒体中是否含有指定的水印,则需要进行水印检测。通常的做法是相关性检测,即选择一个相关性判决标准,计算提取出的水印与指定的水印的相关值,如果相关值足够高,则可以基本断定被检测数据含有指定的水印。

2.3　数字水印系统的性能评价

对水印的性能建立合理的评估方法和基准是数字水印研究的一个重要内容。对水印的评估主要包括以下两个方面：水印稳健性的评估和嵌入水印对图像引起的失真的主观和客观定量评估。一般而言，在水印的稳健性与不可感知性之间需要进行折中。因此，为了能够进行公平合理的性能评估，必须尽量保证各个水印系统是在可比较的条件下进行测试，即应该在给定图像视觉可见性要求的前提下进行测试。

1. 水印稳健性能

由于嵌入水印后的图像可能存在失真，即图像产生了一定的畸变，特别是对图像进行各种攻击时，会导致提取出的水印在一定程度上与原始水印有所不同。基于像素的畸变量的测评方法属于定量测评方法（Quantitative Distortion Metrics），用它得到的结果不依赖于主观评价，其允许在不同水印方法之间进行公平比较。

实际上，大部分用于视觉信息处理的畸变量质量度量方法都属于差分度量法（Difference Distortion Metric）。表 2.1 的第一部分列出了最通用的差分畸变量，这些度量值都是建立在原始的未畸变图像与修改后的畸变图像的差值基础之上。该表的第二部分给出了基于原信号与畸变后信号的相关性度量方法。第三部分给出了其他差分度量方法。

表 2.1　常用差分畸变量测评方法

通用的差分畸变度量	平均绝对差分	$AD = \dfrac{1}{XY} \sum_{x,y} \lvert p_{x,y} - \widetilde{p}_{x,y} \rvert$
	均方误差	$MSE = \dfrac{1}{XY} \sum_{x,y} (p_{x,y} - \widetilde{p}_{x,y})^2$
	L^p-范数	$L^p = \left[\dfrac{1}{XY} \sum_{x,y} \lvert p_{x,y} - \widetilde{p}_{x,y} \rvert^p \right]^{\frac{1}{p}}$
	拉普拉斯均方误差	$LMSE = \sum_{x,y} (\nabla^2 p_{x,y} - \nabla^2 \widetilde{p}_{x,y})^2 \Big/ \sum_{x,y} (\nabla^2 p_{x,y})^2$

续表

通用的差分畸变度量	信噪比	$\mathrm{SNR} = \sum_{x,y} p_{x,y}^2 \Big/ \sum_{x,y} \left(p_{x,y} - \tilde{p}_{x,y} \right)^2$
	峰值信噪比	$\mathrm{PSNR} = XY \max_{x,y} p_{x,y}^2 \Big/ \sum_{x,y} \left(p_{x,y} - \tilde{p}_{x,y} \right)^2$
相关畸变量测评	归一化相关系数	$\mathrm{NC} = \sum_{x,y} p_{x,y}\, \tilde{p}_{x,y} \Big/ \sum_{x,y} p_{x,y}^2$
	相关质量	$\mathrm{CQ} = \sum_{x,y} p_{x,y}\, \tilde{p}_{x,y} \Big/ \sum_{x,y} p_{x,y}$
其他	全局西格玛信噪比	$\mathrm{GSSNR} = \sum_{b} \sigma_b^2 \Big/ \sum_{b} \left(\sigma_b - \tilde{\sigma}_b \right)^2$ 其中,$\sigma_b = \sqrt{\dfrac{1}{n} \sum_{\text{块}b} p_{x,y}^2 - \left(\dfrac{1}{n} \sum_{\text{块}b} p_{x,y} \right)^2}$
	直方图相似性	$\mathrm{HS} = \sum_{c=0}^{255} \left| f_I(c) - f_{\tilde{I}}(c) \right|$ 其中,$f_I(c)$是在 256 级灰度级图像中灰度级 c 的相对频率

注意:$p_{x,y}$ 代表一个在原始的未失真图像中坐标为 (x,y) 的像素点,$\tilde{p}_{x,y}$ 代表在嵌入了水印的图像中坐标为 (x,y) 的像素点。GSSNR 需要将原始图像和嵌入水印的图像分割成 n 个像素点(如 4×4 像素)的块。X 和 Y 分别是行和列的个数。

上述度量方法经常用于图像和视频处理中,当然所给出的量测方法在经过维数匹配以后,还可用于除图像以外的其他数据,如音频数据等。目前,在图像和视频压缩编码领域使用最多的畸变量测试指标是信噪比(Signal to Noise Ratio,SNR)或峰值信噪比(Peak Signal-To-Noise,PSNR),它们通常以分贝(Decibels,dB)为单位。

然而,上述测试指标不能很好地与人类感觉系统相联系,但复杂的数字水印方法常常会利用一种或多种人类视觉或听觉系统的感知效应,因此将它们用于数字水印技术可能会带来一些问题,即水印处理过程所带来的信号畸变可能会导致对测量的不正确评估。

2. 水印不可感知性能

对于不可见数字水印技术而言,含水印媒体数据质量的好坏是评价水印算法优劣的一个重要依据。图像质量评价主要有两种方法:主观评价方法和客观评价方法。

主观评价方法就是让观察者根据一些事先规定的评价尺度或自己的经验,对测试图像按照视觉效果提出质量判断,并给出质量分数,对所有观察者给出的分数进行加权平均,所得的结果即为图像的主观质量评价。这种测量方法虽然比较好地反映出了图像的直观质量,但无法应用数学模型对其进行描述,无法定量地描述算法的质量。在实际应用中,图像的主观质量评价方法受到了严重的限制,甚至根本不适合某些应用场合。

客观评价是利用嵌入水印后的媒体偏离原始媒体的误差来衡量媒体的质量,最常用的是峰值信噪比(Peak Signal Noise Ratio,PSNR)和均方误差(Median Square Error,MES)。MSE 可定义为:

$$\text{MES} = \sum_{0 \leqslant i < M} \sum_{0 \leqslant j < N} (w_{ij} - w'_{ij})^2 \tag{2.3}$$

PSNR 本质上与 MSE 是相同的,可定义为:

$$\text{PSNR} = 10 \log_{10} \frac{256^2 \times M \times N}{\text{MSE}} \tag{2.4}$$

这两种方法在某些情况下能够定量地衡量媒体质量,但是它只是从数据上总体反映媒体质量,没有考虑媒体本身的具体情况,所以在一定程度上不能与主观评价一致。

2.4 数字水印检测的错误概率

通常水印检测器可能会发生以下两种错误。

(1)虚警错误。这种错误指水印不存在于宿主信息中,但检测算法检测到水印的存在。

(2)漏警错误。这种错误指水印存在于宿主信息中,但检测算法未能检测到水印的存在。

虚警概率和漏警概率是衡量水印检测准确性的主要指标。一般说来,随着虚警概率变小,漏警概率会增大,反之亦然。所以同时减小虚警概率和漏警概率是不可能的,通常应该根据具体情况确定临界值。总的错误概率是两者之和。

2.5　数字水印技术的分类

对于数字水印技术,按照不同的分类标准可以分为多种。按目前常见分类方法可以分成以下几类[2-4]。

1. 按表现形式划分

按表现形式划分为可见水印[5-7](Perceptible)和不可见水印[8,9](Imperceptible)。前者如电视屏幕左上角的电视台的台标;后者中,嵌入的水印无法用肉眼看见,本书所指的数字水印,若无特别指明,均指不可见水印。

2. 按特性划分

按水印的特性可以将数字水印划分为鲁棒数字水印和脆弱数字水印。鲁棒数字水印主要用于数字作品中标识著作权信息,它要求嵌入的水印能够经受各种常用的编辑处理。脆弱数字水印主要用于完整性保护,必须对信号的改动很敏感,根据脆弱水印的状态就可以判断数据是否被篡改过。

3. 按水印所附载的媒体划分

按水印所附载的媒体,数字水印分为图像水印、音频水印、视频水印、文本水印以及用于三维网格模型的网格水印等。

4. 按检测过程划分

按水印的检测过程将数字水印分为明文水印和盲水印。明文水印在检测过程中需要原始数据,而盲水印的检测只需要密钥,不需要原始数据。一般明文水印的鲁棒性比较强,但其应用受到存储成本的限制。目前数字水印大多数是盲水印。

5. 按内容划分

按数字水印的内容可以将水印划分为有意义水印和无意义水印。有意义水印是指水印本身也是某个数字图像(如商标)或数字音频片段的编码;

无意义水印则只对应于一个序列号。有意义水印如受到攻击或其他原因致使解码后的水印破损，人们仍然可以通过视觉观察确认是否有水印。但对于无意义水印来说，如果解码后的水印序列有若干码元错误，则只能通过统计决策来确定信号中是否含有水印。

6. 按水印隐藏的位置划分

按数字水印的隐藏位置划分为时域数字水印、频域数字水印、时/频域数字水印和时间/尺度域的数字水印。时域数字水印是直接在信号空间上叠加水印信息，而频域数字水印、时/频域数字水印和时间/尺度域的数字水印则分别是在时/频变换域、离散余弦变换（Discrete Cosine Transform，DCT）、离散小波变换（Discrete Wavelet Transform，DWT）、离散傅里叶变换（Discrete Fourier Transform，DFT）和傅里叶-梅林变换（Fourier-Mellin Transform，FMT）等变换域上隐藏水印。随着数字水印技术的发展，各种水印算法层出不穷，水印的隐藏位置也不再局限于上述几种。实际上只要构成一种信号变换，就有可能在其变换空间上隐藏水印。

7. 按检测方法划分

按水印的检测方法划分为私钥（Secret Key）和公钥（Public Key）数字水印[10,11]。在密码学中，密码算法根据密钥的不同可分为私钥算法和公钥算法。类似地，数字水印算法也可根据所采用的用户密钥的不同分为私钥数字水印和公钥数字水印。

私钥数字水印方案在加载数字水印和检测数字水印过程中采用同一密钥，因此，需要在发送和接收双方中间有一安全通信通道以确保密钥的安全传送。而公钥数字水印则在数字水印的加载和检测过程中采用不同的密钥，由所有者用一个只有其本人知道的密钥加载数字水印，加载数字水印的通信可由任何知道公开密钥的人来进行检测。也就是说任何人都可以进行数字水印的提取或检测，但只有所有者可以插入或加载数字水印。

2.6　数字水印技术算法攻击分析

数字媒体一旦公之于众，随即可能产生各种合法的或非法的对于数字媒体的改变。这种变形的产品对于真正的所有者来说很可能是非正当的。

数字水印算法被认为是解决知识产权和版权保护的理想工具,至今已出现了很多的水印算法,但还没有一个优秀的算法能够完全满足水印的各项要求,如对于人类视觉的不可感知性和抵御各种攻击的稳健性。目前常见的攻击形式可分为以下 4 种[12]。

1. 简单攻击

简单攻击也称为波形攻击或噪声攻击,指的是对嵌入水印后的整幅图像进行某种操作来削弱水印,而不是试图识别或分离水印。此类攻击包括线性和非线性滤波。基于波形的图像压缩(JPEG、MPEG 等)、添加噪声、添加偏移量、图像裁剪、图像量化、模数转换及其校正等。

2. 几何攻击(去同步攻击)

几何攻击是试图破坏载体数据和水印的同步性,使得水印的相关检测失效或恢复嵌入的水印成为不可能。被攻击的数字作品中水印仍然存在,而且幅度没有变化,但是水印信号已经错位,不能维持正常水印提取过程所需要的同步性。这样,水印检测器就不可能或者无法实行对水印的恢复和检测。几何攻击通常采用几何变换方法,如缩放、空间方向的平移、时间方向的平移(视频数字作品)、旋转、剪切、像素置换、二次抽样化、像素或者像素簇的插入或抽取等。

几何攻击比简单攻击更加难以防御。因为几何攻击破坏数据的同步性,使得水印嵌入和水印提取这两个过程不对称。对于大多数水印技术,水印提取器都需要事先知道水印嵌入的确切位置。这样,经过几何攻击后,水印将很难被提取出来。

3. 混淆攻击

最早由 IBM 的 Craver 等人提出,也称为 IBM 攻击,即试图通过伪原始数据或伪水印来产生混淆。该种攻击在已加入水印的图像中再嵌入一个或多个附加水印,混淆了第一个含有主权信息的水印,失去了唯一性。这种攻击实际上使数字水印的版权保护功能受到了挑战,如何有效地解决这个问题正引起研究人员的极大兴趣。

4. 削去攻击

削去攻击试图通过分析水印化数据,估计图像中的水印,将含有水印的数据分离成为载体数据和水印信号,然后抛弃水印,得到没有水印的载体数据,达到非法盗用的目的。常见的方法有:合谋攻击(Collusion Attacks)、去噪、确定的非线性滤波、采用图像综合模型的压缩(如纹理模型或者 3D 模型等)。针对特定的加密算法在理论上的缺陷,也可以构造出对应的削去攻击。

2.7　视觉系统的掩蔽特性

数字水印技术之所以可能实现,是因为数字媒体的最终接收者是人,而人类的视觉系统和听觉系统都不是完美的信号检测器,都具有其自身的一些特点,所以数字水印算法最重要的两个特性就是鲁棒性和不可见性。一般来说,两者之间存在着矛盾。因此,必须在假定数字水印图像满足不可见性的前提下研究数字水印系统的鲁棒性,反之亦然。认知科学的飞速发展为数字水印技术奠定了生理学基础,人眼的色彩感觉和亮度适应性、人耳的相位感知缺陷都为信息隐藏的实现提供了可能的途径。人的生理模型包括人类视觉系统(Human Visual System,HVS)和人的听觉系统。该模型不仅被多媒体数据压缩系统所利用,同样可以很好地应用于数字水印系统中。许多文献[13-18]都提出了基于人类视觉系统实现的图像数字水印嵌入算法,它们的基本思想都是利用人类视觉系统的视觉掩蔽特性和频率掩蔽特性,折中鲁棒性和不可见性之间的矛盾。在保证不可见性的前提下,在合适的位置嵌入尽可能高强度的数字水印信号。用视觉模型导出的 Just Noticeable Difference(JND)描述,确定在图像的各个部分所能容忍的数字水印信号的最大强度,可避免破坏原始图像的视觉质量。也就是说,利用视觉模型来确定与图像相关的调制掩蔽模式,然后再利用其来插入数字水印。基于人类视觉系统的图像水印技术能够使水印自适应于图像,同时具有好的视觉透明性和鲁棒性。

对于图像的通信、处理及压缩系统中输出或生成的图像(称为目标图像),由于最终的接收者、观察者是人,所以此类系统的图像质量优劣,一方面取决于目标图像与原图像之间的差异、误差,失真越小,图像质量越好;而另一方面则取决于人的主观视觉特性。若目标中出现某些人眼不敏感或"不在乎"的失真与损伤,对观察者来说就没有降质。目前在各种图像编码技术中,已越来越注意研究结合人眼的视觉特性进行图像压缩的方法和技术。

通过对人眼视觉特性分析,指出人眼要对某个物体区分出来,则必是两者之间的差别大于人眼所能区分的辨别门限。所谓的辨别门限是指辨别亮度差别而必需的光强度差的最小值。这个最小值 ΔL 因光强度 L 的大小而异。根据 Weber 定律[19],在均匀背景下,人眼刚好可以识别的物体照度为 $L+\Delta L$,其中 ΔL 满足:

$$\Delta L \approx 0.02L \tag{2.5}$$

刺激的亮度和色度受周围背景的影响而使其产生不同感觉的现象叫同时对比现象。在两个刺激相继出现的场合,后继刺激的感觉受先行刺激的影响,这种现象叫相继对比现象。一般情况下,在相同亮度的刺激下,背景亮度不同所感觉到的明暗程度也不一样。实验表明,在背景亮度比目标亮度低的场合,感觉目标有一定的亮度。当背景亮度比目标对象亮时,看到的目标就有暗得多的感觉。

关于对比效果有基尔希曼法则[20],其基本内容如下。

(1) 目标比背景小,颜色对比大。

(2) 颜色对比在空间分离的两个领域内也发生,间隔大时则效果小。

(3) 背景大,对比量也大。

(4) 明暗对比最小时,颜色对比最大。

(5) 明暗相同时,背景色度高,对比量大。

视觉的空间频率特性是人类视觉系统的另一个重要的性质。因此,在考虑水印算法时应充分利用 HVS 特性,HVS 的对比度特性可以归纳为以下几点。

(1) 照度掩蔽特性。在实际观察景物时,得到的亮度感觉并不完全由景物的亮度确定,它在很大范围内是与亮度的对数成线性比例关系的。背景越亮,HVS 的对比度门限(Contrast Sensitivity Threshold,CST)越高,HVS 就越无法感觉到信号的存在。

(2) 纹理掩蔽特性。可见度阈值是正好能够被觉察的干扰值,低于该阈值的干扰值是觉察不出来的。对于边缘的可见度阈值要比远离边缘的高,即边缘掩盖了边缘邻近像素的干扰,称为视觉掩蔽效应,它表明边缘区域可以容忍较大的干扰。背景的纹理越复杂,HVS 的对比度门限越高,HVS 就越无法感觉到信号的存在。

(3) 频率特性。人眼对于图像上不同空间频率成分具有不同的灵敏度。实验表明,人眼对图像的中频分量最为敏感,对高频和低频分量响应较低。

（4）相位特性。人眼对相角的变化要比对模的变化敏感。

（5）方向特性。人眼对斜的方向性要比对水平和垂直的方向性敏感度低。

2.8 DCT 和提升方案小波变换简介

2.8.1 小波变换

1. 概述

小波分析及其应用是当前数学界和信号处理领域一个迅速发展的学科，它以全新的视角影响着这些领域的思维和分析方法。从数学角度看，它为函数空间提供了一套逐渐逼近的子空间，这些子空间有不同的逼近度，且逐渐逼近于全空间，从而可以用具有不同精度和分辨率的一系列函数来逼近原函数；从信号处理角度看，它提供了一种时间（空间）-频率的局部化分析，而且时-频窗在整个时-频平面上移动时，时宽和频宽会随着频率的变化自适应变化，因此被誉为"数学显微镜"。经过许多学科领域十多年的共同探索研究，重要的数学形式已经建立，理论基础更加坚实，同时得到了广泛的应用，成为众多研究领域的交叉点。这些研究成果正在推动着小波理论不断地丰富完善，应用更广泛深入。

与传统的分析方法相比，小波分析具有以下一些优点。

（1）小波变换是一个满足能量守恒方程的变换，能够将信号分解成对空间和频率的独立贡献，同时又不丢失原信号所含的信息。

（2）小波变换相当于一个具有放大缩小和平移功能的数字显微镜，通过检验不同放大倍数下信号的变化来研究其动态特性。

（3）小波变换巧妙地利用了非均匀分布的分辨率，较好地解决了空间和频率分辨率的矛盾。

（4）利用二维离散正交变换将原图像在独立的频带于不同的空间方向上进行分解，便于利用人眼视觉系统在响应频带与空间方向选择上敏感性的不同。

（5）小波分解表示介于空间与频率域之间，可同时提供空间和频率的信息。

2. 提升方案小波

在小波变换的基础上,一种简明有效的构造小波基的方法——提升格式(Lifting Scheme)得到很大的发展和重视[21,22]。利用提升方案可把现存的所有仅支撑小波分解成更为基本的步骤,另外,它还为构造非线性小波提供了一种有力的手段,所以,利用提升方案构造的小波被认为是第二代小波。

提升方案小波由 Sweldens W. 等于 1995 年提出,其特点是所有的运算都在空间域进行,其所涉及的操作都是本位(in-place)运算,速度快。

提升方案小波的正向提升过程包含三个基本步骤:切分、预测和更新。切分是指把原始信号 $X[n]$ 切分成不相交的两个子集,实际应用中通常将原始信号切分成偶数样本 $X_e[n]$ 和奇数样本 $X_o[n]$;预测是指采用预测算子 P,根据 $X_e[n]$ 预测 $X_o[n]$,其误差称为小波系数 $d[n]$;更新是指对小波系数施加更新算子 U,然后加上 $X_e[n]$ 得到相应的尺度系数 $c[n]$,从而得出在较低分辨率上对原始信号的一种逼近。类似于传统小波变换,对 $c[n]$ 反复进行正向提升过程即可得到离散小波变换尺度系数 $c^j[n]$ 和小波系数 $d^j[n]$ 的完备集合。图 2.3 和图 2.4 给出了正向提升算法和逆向提升算法过程图,更详细的讨论参见文献[24]。

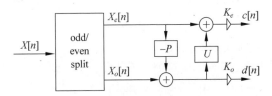

图 2.3　正向提升算法过程

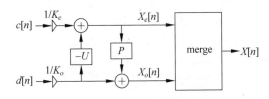

图 2.4　逆向提升算法过程

和传统的小波变换方法相比,提升方案具有以下优点。

(1) 同址计算。不需要辅助存储器,原信号(图像)可被小波变换的结果覆盖。

（2）更快的小波变换。传统上快速小波变换首先把信号分解成高通和低通成分，并进行抽样，然后对低通成分重复进行该过程直到所需要的变换级数。提升方案可把变换速度提高一倍。

（3）不需借助傅氏分析便可获得逆变换。实际上，只要简单地调整一下正变换中的正负号即可。此优点使得不需要很强的傅氏分析的背景便可理解小波的特性和小波变换。

（4）无能量损失。提升方案小波是一个整数变换，在小波正、逆变换之中没有能量丢失，逆变换能够完全重构原始图像。

2.8.2　离散余弦变换

离散余弦变换是一种典型的数字图像变换。通过使用离散余弦变换，可以充分利用数字图像的自相关性减少信息冗余，以达到图像压缩的目的。早期，在 JPEG/MPEG 的编码研究中，DCT 已得到广泛的研究。后来 DCT 也考虑了用来在图像和视频中嵌入信息，DCT 域中的水印嵌入规则对 JPEG/MPEG 压缩都具有较强的健壮性，这样水印设计者更容易避免 JPEG/MPEG 压缩攻击。而且以前在信源编码里得出的可视性，即视觉失真理论能够重新使用，这些研究有助于预测水印对载体图像的视觉影响。最后一点是为了使计算时间最小，在 DCT 域中嵌入水印提供了这种可能性：即在压缩时直接实现嵌入操作。

DCT 可以看成是 Fourier-Cosine 级数的离散版本，它与 DFT（Discrete Fourier Transform）密切相关，可以采用 FFT（Fast Fourier Transform）算法在 $O(n\log n)$ 内完成其计算。然而，与 DFT 不同，DCT 是一个实值变换，并且利用其很少的变换系数便可实现对一个信号很好的逼近。二维 DCT 的一般定义如下列两式，其中，式（2.6）为 DCT 的正变换，式（2.7）为反变换。有关 DCT 及其应用的进一步讨论可参见文献[25]。

$$C(n,m) = a(u)a(v)\sum_{i=0}^{N-1}\sum_{j=0}^{N-1}f(x,y)\cos\left(\pi n\frac{2x+1}{2N}\right)\cos\left(\pi m\frac{2y+2}{2N}\right)$$

$$(2.6)$$

$$f(n,m) = \sum_{i=0}^{N-1}\sum_{j=0}^{N-1}a(u)a(v)C(x,y)\cos\left(\pi n\frac{2x+1}{2N}\right)\cos\left(\pi m\frac{2y+2}{2N}\right)$$

$$(2.7)$$

其中,有下式定义：

$$a(u) = \begin{cases} \sqrt{\dfrac{1}{N}}, & u = 0 \\ \sqrt{\dfrac{2}{N}}, & u = 1, 2, \cdots, N-1 \end{cases} \qquad (2.8)$$

图像二维 DCT 变换有许多优点。图像信号经过变换后,变换系数几乎不相关,经过反变换重构图像,信道误差和量化误差将伪随机噪声一样分散到块中的各个像素中去,不会造成误差积累,并且变换能将数据块中的能量压缩到为数不多的几个低频变换系数中去。

小结

本章首先介绍了数字水印技术的特点、数字水印技术的基本框架、数字水印系统的性能评价、数字水印检测的错误概率；然后介绍数字水印技术的分类、数字水印技术算法攻击分析、视觉系统的掩蔽特性；最后介绍了 DCT和提升方案小波变换。本章的内容为后面算法中对原始载体图像的处理奠定了基础。

参考文献

1. Cox I J, Miler M L. The fast 50 years of electronic watermarking[J]. Eurasip Journal of applied signal processing, 2002, 2: 126-132.

2. Eggers J J, Ihlenfeldt W D, Girod B. Digital watermarking of chemical structure sets [C]. In: Information Hiding: 4th International Workshop, IHW2001, 2001: 200-214.

3. Cayre F, Rondao A P, Schmit F. Application of spectral decomposition to compression and watermarking of 3D triangle mesh geometry [J]. Signal Processing: Image Communication, 2003, 18(4): 309-319.

4. Yu Z Q, Ip H H S, Kwok L F. A robust watermarking scheme for 3D triangular mesh models [J]. Patern Recognition, 2003, 36(11): 2603-2614.

5. Tsai H M, Chang L W. A high secure reversible visible watermarking scheme[C]. Proceedings of the 2007 IEEE International Conference on Multimedia and Expo, Beijing, China, July 2-5, 2007: 2106-2109.

6. Huang C H, Wu J L. A user attention based visible video watermarking scheme [J].

International Conference on Informatics, Cybernetics and Systems, 2003: 12-15.

7. Topkara M, Kamra A, Atallah M J, Cristina N R. ViWiD: Visible watermarking based defense against phishing[J]. Lecture Notes in Computer Science, 2005, 3710 LNCS: 470-483.

8. Mohanty S P, Guturu P, Kougianos E, Pati N. A novel invisible color image watermarking scheme using image adaptive watermark creation and robust insertion-extraction[C]. ISM 2006-8th IEEE International Symposium on Multimedia, San Diego, CA, United states, December 11-13, 2006: 153-160.

9. Maheshwari M, Arora R, Singh G. Invisible image watermarking using a public key algorithm[J]. Journal of the Institution of Engineers, Part CP: Computer Engineering Division, 2006, 87: 27-31.

10. Yuan H, Zhang X P. A secret key based multiscale fragile watermark in the wavelet domain[C]. IEEE International Conference on Multimedia and Expo, ICME 2006-Proceedings, Toronto, ON, Canada, July 09-12, 2006, 2006: 1333-1336.

11. Liu X L, Kou W D, Wang Z G. Public-key watermarking algorithm resistant to geometric attacks [J]. Xi'an Dianzi Keji Daxue Xuebao/Journal of Xidian University, 2007, 34(4): 629-633.

12. Su J K, Hartung F, Griod B. Channel model for a watermark attack[C]. Proceedings of SPIE, Security and Watermarking of Multimedia Contents, San Jose, CA, January 25-27, 1999, 3657: 159-170.

13. Reddy A A, Chatterji B N. A new wavelet based logo-watermarking scheme[J]. Pattern Recognition Letters, 2005, 26(5): 1019-1027.

14. Mainardia L T, Ducab G, Ceruttia S. Analysis of esophageal atrial recordings through wavelet packets decomposition[J]. Computer Methods and Programs in Biomedicine, 2005, 78(3): 251-257.

15. Lou D C, Liu J L. A robust watermarking scheme based on the just-noticeable-distortion[J]. Journal of Chung Cheng Institute of Technology, 2003, 31(2): 11-22.

16. 肖亮, 韦志辉, 吴慧中. 一种利用人眼掩蔽特性的小波域水印[J]. 通信学报, 2002, 3(23): 100-106.

17. 杨恒伏, 陈孝威. 小波域鲁棒自适应公开水印技术[J]. 软件学报, 2003, 14(9): 1652-1660.

18. Eyadat M, Vasikarla S. Performance evaluation of an incorporated DCT block-based watermarking algorithm with human visual system model[J]. Pattern Recognition Letters, 2005, 26(5): 1405-1411.

19. Bors A G, Pitas I. Image watermarking using DCT domain constraints [C]. Proceeding IEEE Internet Conference Image Processing, Lausanne, Switzerland, September 16-19, 1996, 3: 231-234.

20. Koch E, Zhao J. Toward robust and hidden image copyright labeling[C]. IEEE

Workshop Nonlinear Signal and Image Processing, Neos Marmaras, Greece, June, 1995,1195：452-455.

21. Sweldens W. The Lifting Scheme：A new philosophy in biorthogonal wavelet constructions, Proc. SPIE 2569, Wavelet Applications in Signal and Image Processing Ⅲ,1995：68-79.

22. G Femdndez, S Periaswamy and W Sweldens. LIFTPACK：A Software Package for Wavelet Transforms using Lifting, Proc. SPIE 2825, Wavelet Applications in Signal and Image Processing IV,1996：396-408.

23. Ahmed N, Natarajan T, Rao K R. Discrete cosine transform[J]. IEEE Transactions on Computers,1974,(23)：90-93.

24. Sweldens W. The lifting Scheme：A Construction of Second Generation Wavelets. Technical Report. Industrial Mathematics Initiative, Department of mathematics, University of South Carolina,1995.

25. Do M N, Vetterli M. The Contourlet transform：an efficient directional multiresolution image representation. IEEE Trans. Image Process. ,2005,14(12)：2091-2106.

26. 焦李成,谭山,刘芳. 脊波理论：从脊波变换到 Curvelet 变换[J]. 工程数学学报, 2005.22(5)：761-773.

第 **3** 章　提升方案小波和DCT的图像盲水印算法

3.1　引言

　　多媒体技术和计算机网络技术的不断发展使越来越多的多媒体信息可以通过网络进行传输,这给人们提供了极大的方便,但数字产品的易复制、易修改等特点使得许多数字产品的版权受到威胁。作为传统加密方法的有效补充手段,数字水印技术近年来引起了人们的高度重视并逐渐成为多媒体信号处理领域的一个研究热点。

　　数字水印是一组表示版权或证明信息的编码或特定的信息(可以是图标或序列号),它被永久地"埋植"在数字产品(宿主数据)中,以便鉴别数字产品的来源、创作者、拥有者、发行人或被授权的使用用户等版权信息。被嵌入数字产品中的水印信息通常需要具有不可见性和健壮性,即嵌入水印的图像与原图像比较无明显差异,或者不易察觉其差异,同时嵌入数字产品中的水印信息能够抵抗一些常见的噪声污染,以及信息处理、有损压缩等攻击。

　　本章提出一种基于提升方案小波[1]和 DCT 的彩色图像盲水印算法,该方法利用 HVS 的亮度掩蔽特性和纹理特性,在图像小波变换的较低频子带DCT域的不同类型块中嵌入不同能量的水印系数,从而保证了所嵌入水印具有自适应能力,这在一定程度上可以保证在不可见性前提下的极大鲁棒性。实验结果验证了所提出方法的有效性。

3.2　基于 HVS 的自适应水印嵌入策略

水印嵌入可以看作是在强背景(原始图像)下加上一个弱信息(水印)，只要迭加的信号低于 JND 的值，视觉系统就无法感觉到水印信息的存在[2]。根据 HVS 的视觉特点，人眼对图像的亮度和纹理通常具有可屏蔽特性[3]，即人眼对图像的中间亮度区域的畸变最敏感，且对亮度的敏感性随着亮度的增加或减少向两端呈抛物线状下降，即所谓的亮度掩蔽特性；此外，背景的纹理越复杂，嵌入的水印可见性越低(边缘信息对人眼非常重要，必须保证边缘的质量不受大的损害)，即所谓的纹理掩蔽特性。这样图像背景的亮度和纹理将影响水印信息的可见性和鲁棒性。

水印嵌入的思想是首先将宿主图像进行一层或多层提升方案小波分解，对其较低频子带(如果嵌入的水印信息量较少，则可以仅考虑低频子带 LL，否则可再选用 HL 和 LH 子带)进行 8×8 分块的 DCT 变换，水印信息将嵌入在每个分块的 DCT 域中，如果水印信息嵌入在 LL 子带的分块 DCT 域中，则改变该 8×8 块中两个中频分量的值(中频分量值的位置可在 JPEG 所给出的量化表[4]中选取)；如果水印信息嵌入在 HL 或 LH 子带的 DCT 系数中，则改变其两个中低频分量的值。

设 Yc_k 为所选择的经 DCT 变换后的系数块，$Yc_k(u_1,v_1)$ 和 $Yc_k(u_2,v_2)$ 为 Yc_k 块中两个待嵌入水印信息的系数，令 $Yc_k(u_1,v_1)$ 和 $Yc_k(u_2,v_2)$ 的初值均为 $[Yc_k(u_1,v_1)+Yc_k(u_2,v_2)]/2$，具体嵌入原则如下。

若嵌入的水印信息 $w'_k=1$，则取：

$$Yc_k(u_1,v_1)=Yc_k(u_1,v_1)+\alpha\cdot\beta\cdot\gamma\cdot(\mid m_k-Yw_{\mathrm{mean}}\mid+Yw_{\mathrm{mean}})$$

$$(3.1)$$

若嵌入的水印信息 $w'_k=0$，则取：

$$Yc_k(u_2,v_2)=Yc_k(u_2,v_2)+\alpha\cdot\beta\cdot\gamma(\mid m_k-Yw_{\mathrm{mean}}\mid+Yw_{\mathrm{mean}})$$

$$(3.2)$$

其中：

(1) Yw_{mean} 为 Yc_k 所在的小波分解子带的系数均值，若该均值大于 127，则 Yc_{mean} 取 127。

(2) α 为可见性临界系数。设背景亮度为 Y，根据 Weber 定律[5]，在均匀背景下，人眼刚好可以识别的物体亮度为 $Y+\nabla Y$，其中，∇Y 一般可取

0.02Y。在我们所给出的方案中,每 8×8 子带的 DCT 块中嵌入一个水印,故 α 可取小于 64×0.02＝0.128 的实数。

(3) β 为亮度掩蔽系数。根据 HVS 的亮度掩蔽特性,将 β 定义为 $1+|m_k-Yw_{\text{mean}}|/Yw_{\text{max}}$,其中,$Yw_{\text{mean}}$ 和 Yw_{max} 分别为 Yc_k 所在的小波分解子带的系数均值和系数最大值;m_k 为待嵌入水印的 8×8 小波分解子带块的系数均值。

(4) γ 是纹理掩蔽系数,其计算在 Yc_k 所在的小波分解子带中进行,具体过程为:首先将 Yc_k 所在的小波分解子带分成 8×8 的块 Yw_k,计算每一块小波系数的平均值 m_k 和方差 δ_k^2:

$$m_k = \frac{1}{64}\sum_{i=0}^{7}\sum_{j=0}^{7}Yw_k(u_i,v_j) \tag{3.3}$$

$$\delta_k^2 = \frac{1}{64}\sum_{i=0}^{7}\sum_{j=0}^{7}\left[Yw_k(u_i,v_j)-m_k\right]^2 \tag{3.4}$$

块方差 δ_k^2 的大小反映了块的平滑程度,当 δ_k^2 较小时,块中的系数比较均匀,反之,则块将包含着较多的纹理和边缘的系数。这样根据 Yc_k 所在的小波分解子带中小波系数的分布情况,可选定一个阈值 ω(也可通过实验来确定),按该阈值将块 Yw_k 分成 B_1 和 B_2 两类:当 $\delta_k^2<\omega$ 时,$Yw_k\in B_1$;当 $\delta_k^2\geqslant\omega$ 时,$Yw_k\in B_2$。

B_2 类中的块 Yw_k 可能由两种情况形成:一种情况是该块中含有边缘信息以外的较丰富的纹理信息;另一种情况是该块中含有较丰富的边缘信息。前一种情况对噪声不太敏感,后一种情况则需保护边缘信息,这样对属于 B_2 类的系数块需要进一步区分。我们通过计算系数块的梯度来区分 B_2 类中系数块的两种情况[6],对 Yw_k 块中的每一系数 $Yw_k(u,v)$,采用 Roberts 梯度的近似算法来计算其梯度:

$$\nabla Yw_k(u,v) = |Yw_k(u+1,v+1)-Yw_k(u,v)|+$$
$$|Yw_k(u+1,v)-Yw_k(u,v+1)| \tag{3.5}$$

由于在纹理丰富的系数块中,$\nabla Yw_k(u,v)$ 较大的系数较多,而在边缘信息丰富的系数块中,$\nabla Yw_k(u,v)$ 大的系数相对较少,这样,可以通过适当选择一个阈值 T_{drads},统计出各 Yw_k 块中 $\nabla Yw_k(u,v)>T_{\text{drads}}$ 的系数的个数 N_k,进而通过选择阈值 T_{count},将 B_2 类中的各 Yw_k 块进一步分成 B_{21} 和 B_{22} 两类:当 $N_k\geqslant T_{\text{count}}$ 时,$Yw_k\in B_{21}$;当 $N_k<T_{\text{count}}$ 时,$Yw_k\in B_{22}$。

按照上述分类情况,纹理掩蔽系数 γ 可定义为:$\gamma=\xi\cdot\ln(2+\delta_k^2/\delta_{\text{mean}}^2)$,其中,$\delta_k^2$ 为 Yw_k 块的方差;δ_{mean}^2 定义为 $(\delta_{\text{min}}^2+\delta_{\text{max}}^2)/2$,其中,$\delta_{\text{min}}^2$ 和 δ_{max}^2 分别为

Yw_k 所在子带方差的最小值和最大值；ξ 被定义为：

$$\xi = \begin{cases} 1, & \text{当 } Yw_k \in B_{21} \\ 0.75, & \text{当 } Yw_k \in B_{22} \end{cases} \tag{3.6}$$

上述水印嵌入策略充分考虑了 HVS 的特性，根据块的特点，在不同块中嵌入不同的水印能量，保证了所嵌入水印的自适应性。

3.3 水印嵌入和提取算法

3.3.1 水印嵌入

水印嵌入的总体过程如图 3.1 所示。

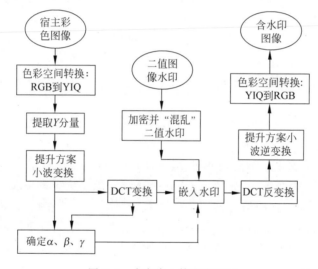

图 3.1 水印嵌入算法流程图

算法的具体步骤如下。

Step1. 利用式(3.7)将宿主彩色图像由 RGB 格式转换为 YIQ 格式，并提取其 Y 分量。目前大多数用来获取数字图像的彩色摄像机都使用 RGB 格式，但是 RGB 空间是颜色显示空间，一般并不能很好地适合人的视觉特性，YIQ 色彩表达系统则是利用人的可视系统（HVS）对亮度变化比对色调和饱和度变换更敏感而设计的，文中所给出的算法是将水印信息嵌入到图

像的亮度分量 Y 中。

$$\begin{bmatrix} Y \\ I \\ Q \end{bmatrix} = \begin{bmatrix} 0.299 & 0.587 & 0.114 \\ 0.596 & -0.275 & -0.321 \\ 0.212 & -0.523 & 0.311 \end{bmatrix} \begin{bmatrix} R \\ G \\ B \end{bmatrix} \tag{3.7}$$

Step2. 对予嵌入水印信息的较低频子带做 8×8DCT 变换。

Step3. 根据较低频子带和其 8×8 DCT 的信息,按照 3.2 节的计算过程确定 HVS 的掩蔽系数 α、β 和 γ。

Step4. 确定密钥 K(有关密钥的选取可参阅文献[7])对水印二值图像进行加密和"混乱"处理。

Step5. 将加密和"混乱"后的水印信息嵌入到预嵌入水印信息的较低频子带的各个 8×8 DCT 域中。

Step6. 对嵌入水印的各 8×8 DCT 域进行反 DCT 变换。

Step7. 对经反 DCT 变换的小波子带进行逆向提升方案小波变换。

Step8. 对经逆向小波变换所获得的亮度分量 Y' 与 Step1 中的分量 I 和 Q 一起进行由 YIQ 空间向 RGB 空间的转换。

3.3.2　水印提取与检测

水印提取过程总体上是水印嵌入过程的逆过程,即首先将待检测的图像从 RGB 彩色空间转换到 YIQ 色彩空间,提取出其 Y 分量,对该 Y 分量进行基于提升方案的小波变换并对变换后的较低频子带进行基于 8×8 分块的 DCT 变换,对每个 8×8 分块的 DCT 变换域依照 JPEG 量化表中的量化系数确定可能嵌入水印信息的两个中频系数 $Y'c_k(u_1v_1)$ 和 $Y'c_k(u_2v_2)$,如果 $Y'c_k(u_1v_1) > Y'c_k(u_2v_2)$,则提取的水印信息为 $w'_k = 1$,否则提取的水印信息为 $w'_k = 0$;再对提取出的水印信息用密钥 K 解密,恢复出最后的水印信息。

3.4　实验结果

为了验证算法的有效性,我们进行了如下的实验,其中原始宿主图像是 512×512 的 lena 彩色图像,水印图像采用了 48×48 的二值图像,所提取水印的相似度函数为:

$$\rho(W',W) = \sum_{i=0}^{n-1}(w_i' \cdot w_i)\bigg/\sqrt{\sum_{i=0}^{n-1}(w_i')^2} \qquad (3.8)$$

其中，w_k' 和 w_i 分别为提取出的水印 W' 和嵌入水印 W 的分量。实验中对含水印图像的攻击是利用 Photoshop 6.0 中的图像处理工具完成的。

3.4.1 水印嵌入和提取的效果

图 3.2(a)是原始图像，图 3.2(b)是水印图像。图 3.3(a)为嵌入水印后的图像，从视觉效果看，人眼很难分辨出它与原始图像即图 3.2(a)之间的差别；图 3.3(b)是从图 3.2(b)中提取出的水印图像。

(a) 原始Lena图像   (b) 二值水印图像

图 3.2 原始图像和水印图像

(a) 含水印图像   (b) 提取的水印

图 3.3 含水印图像和提取的水印（PSNR＝33.2dB，
$\rho(W,W')$＝17.6）

3.4.2 对 JPEG 有损压缩的鲁棒性测试

图 3.4(a)表示对含水印图像进行 JPEG 有损压缩后的图像,选择压缩图像品质参数指数为 0。图 3.4(b)表示从被攻击后的图像中提取的水印图像。

(a) 含水印图像　　　　　　　　　(b) 提取的水印

图 3.4　JPEG 压缩攻击结果(PSNR=22.5dB,
$\rho(W,W')=11.2$)

3.4.3 对噪声攻击的鲁棒性测试

图 3.5(a)表示对含水印图像进行高斯模糊攻击后的图像,选择模糊半径为两个像素。图 3.5(b)表示从被攻击后的图像中提取的水印图像。

(a) 受攻击的含水印图像　　　　　　(b) 提取的水印

图 3.5　高斯模糊攻击结果(PSNR=19dB,
$\rho(W,W')=7.4$)

3.4.4　对剪切攻击的鲁棒性测试

图 3.6(a)表示对含水印图像进行剪切攻击后的图像,选择剪切 1/4 图像。图 3.6(b)表示从被攻击后的图像中提取的水印图像。

(a) 受攻击的含水印图像　　　　(b) 提取的水印

图 3.6　剪切攻击结果(PSNR＝16.4dB,
$\rho(W,W')＝8.9$)

3.4.5　对锐化增强的鲁棒性测试

图 3.7(a)表示对含水印图像进行 USM 锐化增强,选择参数为:数量 50％、半径 5 个像素、阈值 50 色阶。图 3.7(b)表示从被攻击后的图像中提取的水印图像。

(a) 受攻击的含水印图像　　　　(b) 提取的水印

图 3.7　锐化增强攻击结果(PSNR＝24.2dB,
$\rho(W,W')＝13.5$)

上述实验表明,尽管经过 JPEG 有损压缩、噪声、剪切和锐化增强攻击后图像质量都有所下降,但所提出的算法仍然可以从图像中提取出可以识别的水印图像。

3.5　讨论

基于提升方案小波和 DCT 混合变换的彩色图像盲水印技术,能够使嵌入水印的强度按照 HVS 对图像的可屏蔽性质进行自适应的嵌入,从而合理地协调了不可见性和鲁棒性之间的矛盾,对诸如 JPEG 压缩、剪切和常见的噪声干扰等攻击具有一定的健壮性。算法具有以下特点。

(1) 算法先进行小波变换,然后在其低中频子带进行 DCT 变换,并将水印信息嵌入到各 DCT 变换域块的中频,这样总体上可以保证水印将嵌入到整个图像的低中频部分,从而可以保证水印算法对诸如 JPEG 压缩等攻击的鲁棒性;同时水印又是嵌入到低频子带的中频部分,并且 DCT 变换又能够将嵌入的水印能量较好地分布到图像块的各部分,这在一定程度上保证了所嵌入水印信息的不可见性。

(2) 利用了 HVS 的特性,把嵌入水印强度与人类视觉特性有效地结合起来,做到了所嵌入水印强度具有自适应性,即在不同的图像块中嵌入了不同的水印强度,这在一定程度上可以协调所嵌入水印的不可见性和鲁棒性之间的矛盾。

(3) 算法采用了基于提升方案的小波变换,从而在一定程度上加快了算法的运行速度。

(4) 算法实现了无源提取,因而是一种盲水印算法。

小结

本章提出一种基于提升方案小波和 DCT 混合变换的彩色图像盲水印技术,该技术能够使嵌入水印的强度按照 HVS 对图像的可屏蔽性质进行自适应的嵌入,从而合理地协调了不可见性和鲁棒性之间的矛盾,对诸如 JPEG 压缩、剪切和常见的噪声干扰等攻击具有一定的健壮性。

参考文献

1. Sweldens W. The lifting Scheme：A Construction of Second Generation Wavelets. Technical Report. Industrial Mathematics Initiative，Department of mathematics，University of South Carolina，1995.

2. 黄达人，刘九芬，黄继武. 小波变换域图像水印嵌入对策和算法. 软件学报，2002，13 (07)：1290-1298.

3. Kankanhalli M S，Rajmohan，Ramakrishnan K R. Content based watermarking of images. In：Effelsberg，W. ，ed. ACM Multimedia 98-Electronic Proceedings，the 6th ACM International Multimedia Conference，New York：ACM Press，1998.

4. Pennebaker W B，Mitchell J L. JPEG still image data compression standard. New Work：Van Nostrand Reinhold，1992.

5. 汪春生，程义民，王以孝. 一种基于块分类的自适应数字水印算法[J]. 计算机设计与应用，2002，38(21)：106-110.

6. Schneier B. Applied cryptography second edition：protocols，algorithms，and source code in C. John Wiley & Sons，Inc. ，1996.

第 **4** 章 基于峰值信噪比的迭加量化公开水印算法

4.1 引言

    数字产品的易复制、易修改等特性使得许多数字产品的版权受到威胁，作为传统加密方法的有效补充手段，数字水印技术近年来引起了人们的高度重视并逐渐成为多媒体信息处理领域的一个研究热点。

    实际应用中，数字图像的内嵌水印通常必须具备以下基本特征：①不可见性，水印的嵌入不应引起原始信息的可感知的降质与变形；②鲁棒性或抗攻击性，水印系统应能经受一定外界有意或无意的处理操作，并且对常见的一些图像处理所带来的图像失真应仍能保证水印自身的完整性和对其检测、抽取的准确性；③安全性，水印不易被盗用者复制和伪造、不易通过反复实验等不正当方法而被轻易检测、恢复。然而，在数字水印技术中，水印的不可见性和鲁棒性通常构成了一对矛盾，而对于一个有效的水印算法，必须能折中处理这对矛盾，这实质上是一个如何确定水印的嵌入能量的问题。水印的嵌入过程可以看作是在原始信号中嵌入一定的噪声，一般情况下，嵌入的噪声信号能量高，水印的不可见性就差，但鲁棒性比较好；而嵌入的噪声信号能量低，水印的鲁棒性就比较差，但不可见性却比较好。因此，如何选择恰当的噪声信号强度，是数字水印技术中要解决的关键问题之一。现有的水印算法一般都是依赖反复实验来确定嵌入水印能量的大小，比如文献[1,2]中水印算法的基本思想都是首先将原始图像分割为互不覆盖的 8×8 子块，并对各个子块进行 DCT 变换；然后按嵌入块的特征，对图像子块进行分类，并通过反复实验确定块的拉伸因子。这些算法的局限性表现在三个方面：一是块的分类规则难以把握，分类算法不易实现；二是各类块的拉伸因子需通过反复实验才能确定，一般实验比较费时且得不到一个好的量化指标；三是它无法定量地知道具体块的嵌入水印能量是否达到最佳，这也是最重要的一点。

此外，对于基于量化的水印嵌入算法，其鲁棒性主要取决于量化步长，文献[3-6]中提出的量化策略都是基于单个系数进行量化的，量化步长都比较小，这样算法的鲁棒性较差。本章提出一种基于峰值信噪比的迭加量化公开水印算法，算法首先将原始图像分割成互不覆盖的 8×8 子块，对各子块进行 DCT 变换，然后由 PSNR 确定总体量化步长，再根据块的能量自适应地调整量化步长；对各子块系数进行"之"字形扫描，选取除 DC 分量外的若干系数进行迭加量化处理。该算法的特点是可以选用较大的量化步长，并且能够最小化各种攻击影响。实验结果表明，该算法在保证高不可见性的同时，对常见的图像处理操作攻击具有很好的鲁棒性。

4.2　水印嵌入算法

水印嵌入的总体过程如图 4.1 所示。

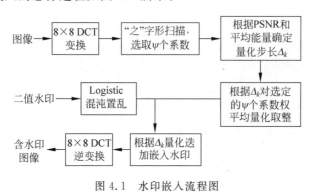

图 4.1　水印嵌入流程图

4.2.1　水印混沌置乱

由于人类视觉系统对纹理具有极高的敏感性，所以所嵌入的水印信号一般不能具有纹理特性，而应该是不可预测的随机信号。本章采用 Logistic

映射[7]将原始水印信息映射成混沌序列。Logistic 映射的定义如下：

$$X_{n+1} = \mu \cdot X_n(1 - X_n) \tag{4.1}$$

其中，$X_n \in (0,1)$，当 $\mu \in (3.569\,945\,6, 4]$ 时，该参数区间被称为混沌区域，这时 Logistic 映射工作于混沌状态（除去某些特殊点，如临界点 $1/2$）[8]，即由不同初始状态 x_0 生成的两个序列是非周期、不收敛和不相关的。

设 $W = \{W(i,j) \mid 0 \leqslant i < m, 0 \leqslant j < n, W(i,j) \in \{0,1\}\}$ 为二值水印图像，用密钥 K 生成长度为 $m \times n$ 的 Logistic 混沌序列对 W 进行置乱，置乱后的水印信息设为 W_t，则 W_t 具有不可预测性和不相关性，从而保证了视觉对嵌入水印的不敏感性，同时，在不知道密钥 K 的前提下，攻击者很难恢复出原始水印。

4.2.2   水印的嵌入

设 $P = \{P(i,j) \mid 0 \leqslant i < M, 0 \leqslant j < N, P(i,j) \in [0,255]\}$ 为一灰度图像，嵌入算法的具体步骤如下。

Step1. 把图像划分成 8×8 的子块 $P(k)$，$k \in [0, (M \times N)/64)$。

Step2. 对每个 $P(k)$ 进行 DCT 变换，按如图 4.2 所示的"之"字形顺序，选取除 P_0 外的 14 个系数。因为"之"字形扫描顺序总体上体现了图像块 DCT 变换系数的能量递减规律[9]，这样按照算法所选取的系数嵌入水印，在一定程度上保证了算法的鲁棒性，同时不对 DC 系数进行修改，也可以在一定程度上保证算法的不可见性。

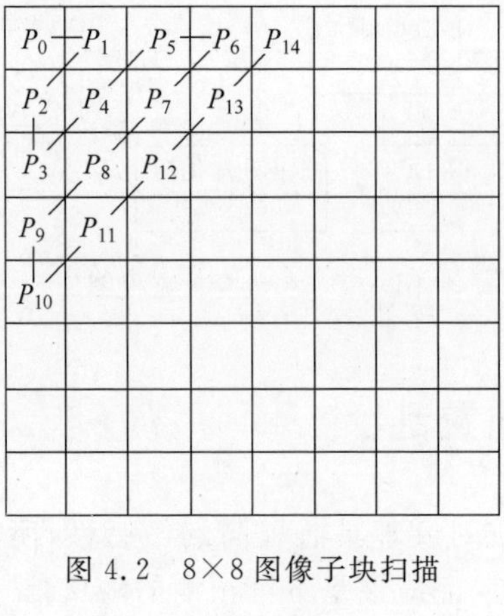

图 4.2 8×8 图像子块扫描

Step3. 对每块所选出的 14 个系数进行如下的加权平均：

$$Q(k) = \sum_{l=1}^{14} R_l \mid P_l(k) \mid \tag{4.2}$$

其中，$P_l(k)$ 表示的是第 k 个 8×8 DCT 子块的"之"字扫描的第 l 个系数值，$l \in \{1,14\}$；R 表示长度为 14，数学期望等于 0 的序列，$R_l \in \{-1,1\}$。

Step4. 确定每一 8×8 块的量化值。对每块的加权平均值 $Q(k)$ 进行如下的量化取整，其结果保存在 $\overline{Q}(k)$ 中，其中，Δ_k 是量化步长，其确定过程见 4.2.3 节(这一步骤并没有修改 DCT 系数值，所以没有实现具体量化)。

根据 $Q(k)$ 数值的符号和 $\mid Q(k) - \mathrm{round}(Q(k)/\Delta_k) \times \Delta_k \mid$ 的情况，进行如下操作。

if $Q(k) \geqslant 0$

    if $\left(Q(k) - \mathrm{round}\left(\dfrac{Q(k)}{\Delta_k} \right) \times \Delta_k \right) \leqslant \Delta_k / 2$ //记为情况 Ⅰ

        $\overline{Q}(k) = \mathrm{round}\left(\dfrac{Q(k)}{\Delta_k} \right) \times \Delta_k;$ $\tag{4.3}$

    else   //记为情况 Ⅱ

        $\overline{Q}(k) = \mathrm{round}\left(\dfrac{Q(k) + \Delta_k / 2}{\Delta_k} \right) \times \Delta_k$ $\tag{4.4}$

    else

    if $\left| Q(k) - \mathrm{round}\left(\dfrac{Q(k)}{\Delta_k} \right) \times \Delta_k \right| \leqslant \dfrac{\Delta_k}{2}$ //记为情况 Ⅲ

        $\overline{Q}(k) = \mathrm{round}\left(\dfrac{Q(k)}{\Delta_k} \right) \times \Delta_k$ $\tag{4.5}$

    else   //记为情况 Ⅳ

        $\overline{Q}(k) = \mathrm{round}\left(\dfrac{Q(k) - \Delta_k / 2}{\Delta_k} \right) \times \Delta_k$ $\tag{4.6}$

其中，$\mathrm{round}(\cdot)$ 表示取整运算。

Step5. 根据 $Q(k)$ 和 $\overline{Q}(k)$，修改块中被选中的 DCT 系数 $P_l(k)$ 的值，实现对 8×8 块加权平均值的量化修正。$P_l(k)'$ 为量化后的 DCT 系数值。

根据人眼视觉模型，定义系数修正因子 $\lambda_l(k)$ 为：

$$\lambda_l(k) = \mid P_l(k) \mid \Big/ \sum_{l=1}^{14} \mid P_l(k) \mid \tag{4.7}$$

利用修改因子 $\lambda_l(k)$，通过下面的过程将对应的 DCT 系数 $P_l(k)$ 修改为 $P_l(k)'$：

对 Step4 中的情况 Ⅰ、Ⅳ：

$$P_l(k)' = P_l(k) - R_l \times \text{sign}(P_l(k)) \times \lambda_l(k) \times (Q(k) - \bar{Q}(k))$$

$$(4.8)$$

对 Step4 中的情况 Ⅱ、Ⅲ：

$$P_l(k)' = P_l(k) + R_l \times \text{sign}(P_l(k)) \times \lambda_l(k) \times (\bar{Q}(k) - Q(k))$$

$$(4.9)$$

其中，$\text{sign}(x) = \begin{cases} 1, & x > 0 \\ -1, & x < 0 \end{cases}$。

通过上述算法修改块 14 个被选定的 DCT 系数的值，实现对 8×8 块加权平均值的量化修正，实现原理定义如下（以情况 Ⅰ 为例）：

$$\sum_{l=1}^{14} R_l \mid P_l(k)' \mid = \sum_{l=1}^{14} R_l \mid [P_l(k) - R_l \text{sign}(P_l(k))\lambda_l(k)(Q(k) - \bar{Q}(k))] \mid$$

$$= Q(k) - (Q(k) - \bar{Q}(k)) \sum_{l=1}^{14} \lambda_l(k) = \bar{Q}(k) \qquad (4.10)$$

Step6. 根据要嵌入的混沌置乱后的水印 $W_t(i)$ 和对应块加权平均值 $Q(k)$ 的符号，分为以下 4 种情况嵌入水印。

if $W_t(i) == 1$

    if $Q(k) \geqslant 0$ //情况 Ⅰ′

$$P_l^w(k) = P_l(k)' + R_l \times \text{sign}(P_l(k)) \times \lambda_l(k) \times \frac{\Delta_k}{4} \qquad (4.11)$$

    else   //情况 Ⅱ′

$$P_l^w(k) = P_l(k)' - R_l \times \text{sign}(P_l(k)) \times \lambda_l(k) \times \frac{\Delta_k}{4} \qquad (4.12)$$

if $W_t(i) == 0$

    if $Q(k) \geqslant 0$ //情况 Ⅲ′

$$P_l^w(k) = P_l(k)' - R_l \times \text{sign}(P_l(k)) \times \lambda_l(k) \times \frac{\Delta_k}{4} \qquad (4.13)$$

    else   //情况 Ⅳ′

$$P_l^w(k) = P_l(k)' + R_l \times \text{sign}(P_l(k)) \times \lambda_l(k) \times \frac{\Delta_k}{4} \qquad (4.14)$$

其中，$P_l^w(k)$ 是嵌入水印后的 DCT 系数值。

4.2.3　量化步长的确定

传统的水印算法都是依据 HVS 模型对图像的分类,通过反复实验,再依据嵌入水印图像的质量定量分析(比如 PSNR)来确定量化步长,其缺点是无法定量地分析具体某一子块的嵌入能量是否恰当。本章采用了一种新颖的确定水印嵌入强度的算法,即根据对嵌入水印图像峰值信噪比的要求确定嵌入水印的强度,这样所给出的算法可以在给定的峰值信噪比条件下确定恰当的嵌入水印能量,避免了反复实验。

由二维DCT 的逆变换可得:

$$x^w(i,j) = \sum_{i=0}^{M-1} \sum_{j=0}^{N-1} a(u)a(v) P^w(u,v) \cdot \cos\frac{(2i+1)u\pi}{2M} \cos\frac{(2j+1)v\pi}{2N}$$

$$(4.15)$$

$$x(i,j) = \sum_{i=0}^{M-1} \sum_{j=0}^{N-1} a(u)a(v) P(u,v) \cdot \cos\frac{(2i+1)u\pi}{2M} \cos\frac{(2j+1)v\pi}{2N}$$

$$(4.16)$$

其中

$$\begin{cases} a(u) = \begin{cases} \sqrt{1/M}, & u=0 \\ \sqrt{2/M}, & 1 \leqslant u < M \end{cases} \\ a(v) = \begin{cases} \sqrt{1/N}, & v=0 \\ \sqrt{2/N}, & 1 \leqslant v < N \end{cases} \end{cases} \qquad (4.17)$$

则有:

$$\sum_{i=0}^{M-1} \sum_{j=0}^{N-1} (x^w(i,j) - x(i,j))^2$$

$$= \sum_{i=0}^{M-1} \sum_{j=0}^{N-1} \left[\sum_{u=0}^{M-1} \sum_{v=0}^{N-1} a(u)a(v)(P_l^w(u,v) - P(u,v)) \cdot \cos\frac{(2i+1)u\pi}{2M} \cos\frac{(2j+1)v\pi}{2N} \right]$$

$$\leqslant 2 \sum_{u=0}^{M-1} \sum_{v=0}^{N-1} (P_l^w(u,v) - P(u,v))^2 \qquad (4.18)$$

将 $\sum\limits_{u=0}^{M-1} \sum\limits_{v=0}^{N-1} (P_l^w(u,v) - P(u,v))^2$ 取为 $\Psi\xi^2$,其中,ξ 表示DCT 系数平均改变量,Ψ 表示被修改的系数个数。

由峰值信噪比的定义可得：

$$PSNR = 10\lg\left(\frac{255^2 \times M \times N}{\sum_{i=0}^{M-1}\sum_{j=0}^{N-1}(x^w(i,j) - x(i,j))^2}\right) \geqslant 10\lg\left(\frac{255^2 \times M \times N}{2\psi\xi^2}\right)$$

$$(4.19)$$

进一步，对于每一 8×8 DCT 分块可得系数则有：

$$PSNR \geqslant 10\lg\left\{\frac{255^2 \times 8 \times 8}{2\psi\xi^2}\right\} \qquad (4.20)$$

设算法总体量化步长为 Δ，从前面的嵌入算法可知，对 8×8 子块的权平均值修改范围是 $\left[0, \frac{3}{4}\Delta\right]$，这样从统计角度分析其平均改变量为 $\frac{3}{8}\Delta$，故不妨取：

$$PSNR \geqslant 10\lg\left\{\frac{255^2 \times 8 \times 8 \times \psi}{2\left(\frac{3}{8}\Delta\right)^2}\right\} \qquad (4.21)$$

从而可得：

$$\Delta \geqslant \frac{255 \times 64}{3}\sqrt{\frac{\psi}{2 \times 10^{PSNR}}}$$

实验中假定 PSNR＝40，则求得 $\Delta \geqslant 143.9$，可见算法在满足一定视觉质量的条件下，能够取得的极大的量化步长。

尽管 PSNR 能够在客观上衡量图像的质量，但有时其衡量标准与人眼对不同的背景可视觉的敏感性却不尽相同，在能量低的块中，虽然图像的峰值信噪比取到 40，但是人眼却已感受到图像被修改了，而能量较高的块中，即使峰值信噪比更小，人眼也是感觉不出的，所以本章在前面确定总体量化步长的基础上，再根据图像分块的具体情况，进一步按如下过程调整了块的量化步长。

在 DCT 变换中，低频分量（即 DC 系数）表示图像的基本能量，所以该算法中设定域值 θ，通过判定子块中的 DC 系数与域值 θ 的大小，自适应地调整量化步长。

定义：

$$\begin{cases} \beta_k = 1, & P_0(k) > \theta \\ \beta_k = 0.83, & P_0(k) \leqslant \theta \end{cases} \qquad (4.22)$$

对于具体的 8×8 块，量化步长 $\Delta k = \beta k\Delta$，其中，θ 可通过实验获得。下

面实验中 Δ 和 θ 分别被选为 120 和 480。

4.3 水印提取过程

4.3.1 水印提取

水印提取过程基本上是水印嵌入的逆过程,具体提取过程如下。

Step1. 将含水印的图像进行 8×8 分块的 DCT 变换。

Step2. 根据块中的 DC 系数确定量化步长 Δk。

Step3. 基于"之"字形扫描选取出除 DC 系数外的前 14 个系数,根据其加权平均 $Q^w(k)$ 与 Δk 的关系,按如下过程提取出水印。

当 $|Q^w(k)-\mathrm{round}(Q^w(k)/\Delta_k)\Delta_k|\leqslant\dfrac{\Delta_k}{2}$ 时,

$$W'_t = 1 \qquad\qquad (4.23)$$

当 $|Q^w(k)-\mathrm{round}(Q^w(k)/\Delta_k)\Delta_k|>\dfrac{\Delta_k}{2}$ 时,

$$W'_t = 0 \qquad\qquad (4.24)$$

其中

$$Q^w(k) = \sum_{l=1}^{14} R_l \mid P_l^w(k) \mid \qquad\qquad (4.25)$$

Step4. 用密钥 K 生成 Logistic 映射的 $m\times n$ 混沌矩阵,恢复出二值水印 W'。

4.3.2 相关检测

由于嵌入水印后的图像可能存在失真,特别是对图像进行各种攻击时,从而会导致提取出的水印在一定程度上与原始水印有所不同,为了确定图像中是否含有水印,可采用归一化相关系数(Normalized Cross-Correlation,NC)对抽取出的水印和原始水印的相似性进行定量检测,NC 的定义为:

$$\mathrm{NC}(W',W) = \dfrac{\displaystyle\sum_{i=0}^{m-1}\sum_{j=0}^{n-1}W(i,j)W'(i,j)}{\displaystyle\sum_{i=0}^{m-1}\sum_{j=0}^{n-1}W(i,j)^2} \qquad\qquad (4.26)$$

其中,$W'(i,j)$表示提取出的水印,$W(i,j)$为原水印。选取一合适的阈值 τ,水印存在与否的判定标准为:若 NC$>\tau$,可以判定被测图像视频序列中含有水印;否则,不含水印。τ 的选择要考虑虚警概率和漏警概率,实验统计表明,在未含水印的视频中提取的图像与水印的平均相似度是 0.08 左右,为了减少虚警的概率,实验中取相似度门限 $\tau=0.6$。

4.4 实验结果

为了验证本章算法的高效性,下面给出灰度测试标准图像 Lena(512×512)的实验结果。实验中,二维数字水印选用了 64×64 的二值图像。由于采用的水印在感觉上是可视的,因此提取的水印信息很容易辨别。另外,本章还采用 NC 定量分析了提取水印与原始水印的相似度,采用峰值信噪比评价原始图像与含水印图像之间的差别。

4.4.1 水印嵌入和提取结果

图 4.3 为原始灰度图像和水印图像;图 4.4 为二值水印图像和提取出的二值数字水印。实验结果表明,本章提出的水印算法具有很好的不可见性。

(a) 原始Lena图像　　　　　　　　(b) 二值水印图像

图 4.3 原始图像与水印图像

(a) 含有水印图像(PSNR = 44.5dB)　　　(b) 提取出的水印(NC = 1.00)

图 4.4　含水印图像及提取结果

4.4.2　抗攻击实验

　　我们对含水印图像采用了叠加噪声、JPEG 压缩、中值滤波、几何剪切、图像增强、重采样等攻击方式,表 4.1 给出了实验结果,实验中对含水印图像的攻击是利用 Photoshop 6.0 中的图像处理工具完成的。

表 4.1　攻击结果

攻击方式	二次模糊	高斯噪声 (2%)	锐化	中值滤波 3×3	剪切 $\frac{1}{4}$	重采样 4 : 1	JPEG 压缩 (20 倍)
提取的水印图像							
受攻击图像的 PSNR/dB	32.3	30.5	33.6	31.7	11.5	25.7	37.8
提出水印的 NC	0.943	0.964	0.984	0.914	0.885	0.935	0.999

　　上述实验结果表明,尽管含水印的图像经过攻击后图像质量都有所下降,但本章提出的算法仍然可以从图像中提取出可以识别的水印图像。

4.5　讨论

　　本章提出的基于峰值信噪比的迭加量化盲水印算法具有以下特点。

　　(1) 算法是基于 DCT 变换域的,根据 Cox 的观点[10],水印应该嵌入在重要系数上,但是如果修改 DC 系数,会导致重构图像产生块效应,影响视觉效果,因此本章把水印嵌入在最重要的 14 个低中频系数上,可以保证水印算法对诸如 JPEG 压缩等攻击的鲁棒性;同时 DCT 变换又能够将嵌入的水印能量较好地分布到重构图像的各个系数上,满足了不可见性。

(2) 采用了基于权平均的迭加量化策略,保证了图像具有很大的量化步长,确保了图像的高鲁棒性。

(3) 图像受到某一些攻击(诸如随机噪声等),利用迭加量化策略可以很好地最小化攻击效果。比如,对于 $Q(k) = \sum_{l=1}^{14} R_l(\mid P_l(k) \mid + \delta_l(k)) = \sum_{l=1}^{14} R_l \mid P_l(k) \mid + \sum_{l=1}^{14} R_l \delta_l(k)$,因为 R_l 是均值为 0 的二值随机即序列,所以 $\sum_{l=1}^{14} R_l \delta_l(k)$ 近似为 0。不过在实验中由于所选序列过短,所以 $\sum_{l=1}^{14} R_l \delta_l(k)$ 只能趋于 0。为了使 $\sum_{l=1}^{14} R_l \delta_l(k)$ 达到最小化,考虑到各种攻击对 DCT 系数的影响效果,根据"之"字形扫描特点,各系数的能量随扫描走向呈递减趋势,因此,实验中按图 4.5 选定 R_l 值。

	1	1	-1	1			
-1	-1	1	-1				
1	-1	1					
-1	-1						
1							

图 4.5　R_l 二值序列取值

(4) 采用基于 PSNR 的方法确定总体量化步长,可以充分利用图像冗余,实现嵌入水印能量和不可见性的较好协调。同时又考虑了 HVS 特性,根据被嵌 DCT 系数块的能量,自适应的调整量化步长。

(5) 经过 Logistic 混沌置乱后的水印图像,即使由被攻击者正确提取出来,在不知道密钥 K 的前提下,提取出的只是一个随机噪声图像,所以进一步确保了水印的抗攻击性。

(6) 嵌入的水印是一幅有意义的可视图像,并且可实现无源提取,因此算法具有较好的实用性。

(7) 与文献[11-14]所提出的量化算法相比,本章所提出的算法由于采用了迭加的量化策略,量化步长较大,所以具有更好的鲁棒性。

当然,本章提出的此算法也存在一定的不足,主要是抗几何攻击的性能还不强,这是今后将要进一步研究解决的问题。

小结

本章提出了一种基于峰值信噪比的迭加量化公开水印算法把水印能量量化嵌入到 DCT 域的多个低中频系数上,然后依据迭加步长提取水印。这样,从总体量化值来看,量化步长很大,确保了算法的高鲁棒性;此外,算法是首先根据 PSNR 来确定总体量化步长,然后又根据 HVS 的特点,自适应地调整相应量化步长,所以该算法较好地解决了不可见性和鲁棒性之间的矛盾,并且水印的提取无需原始图像,实现了盲水印提取。

参考文献

1. Wen Xing, Zheming Lu. Multipurpose Image Watermarking Based on Vector Quantization in DCT Domain. The 5th International Symposium on Test and Measurement (ISTM'2003), Shenzhen, China, June 1-5, 2003: 2057-2061.

2. B Chen, G W Wornell. Quantization Index Modulation Methods for Digital Watermarking and Information Embedding of Multimedia[J]. Journal of VLSI Signal Processing 27, 2001: 7-33.

3. S Wang, X Zhang, T Ma. Image watermarking using dither modulation in dual-transform domain [J]. Journal of the Imaging society of Japan, 2002, 41: 398-402.

4. J J Eggers, B Girod. Quantization watermarking[A]. Proceedings of SPIE[C], 2000, 3971: 1-12.

5. X Zhang, K Zhang, S Wang. Multispectral image watermarking based on KLT[A]. Proceedings of SPIE[C], 2001, 4551: 107-114.

6. B Chen, G W Wornell. Quantization index modulation: A class of provably good methods for digital watermarking and information embedding [J]. IEEE Trans. on Information Theory, 2001, 47: 1423-1443.

7. Hao Bai-lin. Staring with parabolas: an intro-duction to chaotic dynamics [M]. Shanghai: Scientific and Technological Education Publishing House, 1993.

8. 王东生,曹磊. 混沌、分形及其应用[M]. 合肥:中国科学技术出版社,1995.

9. Pennebaker W B, Mitchell J L. JPEG Still Image Data Compression Standard. New York: Van Nostrand Reinhold, 1992.

10. Ingemar J Cox, Loe Killian, F Thomson, Talal Shamoon. Secure Spread Spectrum Watermarking for Multimedia. IEEE Trans. On Image Processing, 1997, 6(12): 1673-1687.

第 5 章

一种基于神经网络的
半色调图像水印算法

5.1 引言

现有绝大多数图像水印算法却无法直接应用于半色调图像[1]，这是因为：①现有算法并未考虑半色调图像（属于二值图像）数据冗余较小、可隐藏信息量有限等特点；②现有算法并未考虑打印输出过程的自身特性（即激光束扩散、纸张的吸水性及光滑度等因素容易造成半色调复合点变化，从而导致输出图像模糊不清）；③现有算法均无法抵抗扫描等容易造成图像发生畸变的特殊攻击。

目前，半色调图像水印技术已成为数字水印研究领域的一个难点，相关的参考文献也非常匮乏。Allebach 和 Kacher[2]等以扩频水印技术与直接二元搜索半色调技术为基础，提出了一种在二值图像中隐藏水印信息的方法，达到了图像加密目的。但该方法在透明性、稳健性两个方面均不理想。文献[3]等提出首先利用纠错码技术预处理数字水印信息，然后再以伪随机方式进行嵌入的 5 种半色调图像数字水印方案：DHST、DHPT、DHSPT、DHED 和 MDHED，其在一定程度上提高了数字水印的透明性和稳健性。但纠错码的引入严重限制了可嵌入的水印信息容量，而且纠错码只能在一定范围内进行纠错，一旦错误码超出该范围，其纠错功能便会失效，也就是说该方法只能抵抗较弱的攻击。文献[4]结合 DCT 域中频系数比较，提出了一种所谓的半色调图像数据隐藏算法，并进行了抗打印-扫描攻击实验。但严格意义上讲，该算法并不适用于半色调图像，其不仅抵抗叠加噪声、几何剪切等攻击的能力比较差，而且所允许嵌入的数据量也非常有限（仅为

56b)。文献[5]提出了一种基于条件概率的半色调数字水印算法,该方法为半色调及数字水印技术提供了一个新思路,但其所产生的半色调图像质量较差(特别是纹理图像),且抵抗常见图像攻击的能力不强(特别是打印-扫描攻击)。

算法将神经网络相关理论引入半色调图像水印领域,并提出了一种稳健的半色调图像水印算法,该算法以神经网络为基础,能够通过自适应调节误差扩散滤波器等措施,实现水印嵌入与半色调处理的同步完成。该算法在提取数字水印时,不需要原始载体。

5.2 基于神经元的半色调处理算法

5.2.1 半色调调制

许多图像输出设备(如传真机、打印机等)属于二值设备。由于它们无法直接绘制灰度级图像,故有必要将原始图像量化成仅由黑、白点组成的半色调图像,这种量化方法称为数字图像半色调调制技术。利用半色调技术可以将一幅高分辨率图像转为低分辨率图像,但在一定距离之外观看该图像时,仍然会觉得它是一幅连续色调图像。

许多方法可实现数字图像半色调化,其中以有序抖动算法[6]和误差扩散算法[7]应用最为广泛。有序抖动是一种计算简单且行之有效的方法,它利用一个固定大小的阈值矩阵在原灰度图像上一边"移动",一边比较,由阈值决定输出像素为 0 或 255。误差扩散则是一种更为高级的半色调化方法,与前者相比,计算略显复杂,但它可产生更高质量的半色调图像,因此更为常用一些。误差扩散半色调技术的基本思想是将图像量化过程中产生的误差通过误差扩散核按照一定比例分配给周围像素。一般说来,选用不同的误差扩散核可产生不同质量的半色调图像,图 5.1 给出了两种常用的误差扩散核。

下面仅以 Steinberg 核为例,简要说明基于误差扩散的半色调技术原理。设 G 表示原始的连续 256 级灰度图像,Y 表示相应的半色调图像(利用误差扩散方法),则数字图像的半色调处理过程如下。

	(0,0)	7/48	5/48	
3/48	5/48	7/48	5/48	3/48
1/48	3/48	5/48	3/48	1/48

	(0,0)	7/16
3/16	5/16	1/16

(a) Steinberg核　　　　　　(b) Jarvis核

图 5.1　两种常用的误差扩散核

$$a(i,j) = \frac{1}{16}[e(i-1,j-1) + 5e(i-1,j) +$$
$$3e(i-1,j+1) + 7e(i,j-1)] \tag{5.1}$$

$$f(i,j) = g(i,j) + a(i,j) \tag{5.2}$$

$$y(i,j) = \begin{cases} 0, & f(i,j) < 128 \\ 255, & f(i,j) \geqslant 128 \end{cases} \tag{5.3}$$

$$e(i,j) = f(i,j) - y(i,j) \tag{5.4}$$

其中，$g(i,j)$ 表示原始灰度图像在 (i,j) 处的灰度值；$y(i,j)$ 表示输出的半色调图像在 (i,j) 处的像素值；$a(i,j)$ 表示原始灰度图像 (i,j) 处像素所接收的来自其他像素误差之和；$f(i,j)$ 表示送入到量化器的输入值；$e(i,j)$ 表示量化误差。像素值为 255 代表输出的半色调为白色，0 代表黑色。

5.2.2　基于神经元的误差扩散核

Adaline 是神经网络技术中经常采用的一种基本神经单元，其结构如图 5.2 所示。

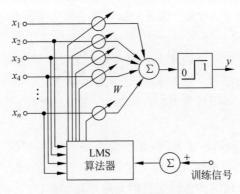

图 5.2　Adaline 神经元模型

设神经元输入信号矢量为

$$X = (x_0, x_1, \cdots, x_n)^{\mathrm{T}} \tag{5.5}$$

权矢量为

$$W = (w_0, w_1, \cdots, w_n)^{\mathrm{T}} \tag{5.6}$$

净输入 net 由 X 与 W 的内积产生,即

$$\text{net} = X^{\mathrm{T}} \cdot W = X \cdot W^{\mathrm{T}} \tag{5.7}$$

相应的二值输出及转移函数为

$$y = \frac{1}{2}(f(\text{net} - T) + 1), \quad f(t) = \text{sqn}(t) = \begin{cases} 1, & t \geqslant 0 \\ -1, & t < 0 \end{cases} \tag{5.8}$$

其中,T 为神经元阈值,当 net$-T \geqslant 0$ 时,神经元才被激活。

权矢量训练准则采用 LMS(Least Mean Square)算法,可描述为

$$W_{k+1} = W_k + \eta \cdot \frac{\varepsilon_k \cdot X}{\| X \|^2} \tag{5.9}$$

其中,k 为自适应周期数;X 为当前输入矢量;W_k 为权矢量当前值;W_{k+1} 为权矢量下一时刻值;η 为正数,称为训练常数,其值决定训练速率。而瞬间线形误差 ε_k 定义为理想输出 d_k 与实际输出值之差 $\varepsilon_k = d_k - y_k$。

从某种意义上讲,Steinberg 核可视为 Adaline 神经元,只是 Steinberg 核不具备 Adaline 神经元的训练功能。若以原始灰度图像(i,j)处像素的邻域内各像素所产生误差作为输入信号矢量,以 Steinberg 核的所有系数为权矢量,则误差扩散过程中的 $a(i,j)$ 和 $y(i,j)$ 可重新定义如下:

$$a(i,j) = \begin{bmatrix} e(i-1,j-1) & e(i-1,j) & e(i-1,j+1) & e(i,j-1) \end{bmatrix} \cdot \begin{bmatrix} 1/16 \\ 5/16 \\ 3/16 \\ 7/16 \end{bmatrix} \tag{5.10}$$

$$y(i,j) = \frac{255}{2}(f(\text{net} - T) + 1) = \frac{255}{2}\{\text{sqn}[g(i,j) + a(i,j) - T] + 1\}$$

$$= \frac{255}{2}\{\text{sqn}[f(i,j) - T] + 1\} \tag{5.11}$$

其中,$T = 128$,$f(i,j)$ 和 $e(i,j)$ 仍然用原先的公式。基于神经元的误差扩散的好处在于可通过神经网络的学习功能来调节权值,从而满足某种特殊的输出要求。图 5.3 给出了数字图像经半色调调制后的效果(利用基于神经元的误差扩散核)。

(a) 标准256级灰度图像   (b) 半色调图像

图 5.3　原始灰度图像及相应的半色调图像(利用基于神经元的误差扩散核)

5.3　基于神经元误差扩散核的半色调图像算法

5.3.1　数字水印的嵌入

设原始载体为 256 级灰度图像 $G=\{g(i,j),1\leqslant i\leqslant M,1\leqslant j\leqslant N\}$，数字水印为二值图像 $S=\{s(i,j),1\leqslant i\leqslant P,1\leqslant j\leqslant Q\}$。其中，$g(i,j)$ 和 $s(i,j)$ 分别代表原始载体图像和二值水印图像的第 i 行、第 j 列像素灰度值。则基于神经网络的半色调图像水印嵌入过程(关键步骤)可描述如下。

Step1. 数字水印的加密处理。为了消除二值水印图像的像素空间相关性，提高数字水印算法的稳健性，确保图像某一部分受到破坏后仍能全部或部分地恢复水印，宜首先对二值水印图像进行置乱变换。本章采用了文献[8]的 Arnold 变换对二值水印图像进行置乱变换。

接下来，再将置乱后的水印图像利用行扫描形成一维向量，并依次标号为 1 到 $P\times Q$，即得到由原始二值水印图像 S 转换而来的一维数字水印序列 $M=\{m(k),1\leqslant k\leqslant P\times Q,m(k)\in\{0,1\}\}$。

Step2. 嵌入水印。整个水印嵌入过程(关键步骤)可概括如下。

(1) 利用伪随机种子产生一个大小为 S 的伪随机序列作为数字水印嵌入位置。这里，伪随机种子被视作密钥 Key。

(2) 利用基于神经元的误差扩散核对图像 F 进行滤波处理(参见 5.2 节)。对于一般位置，滤波结果即为最终输入；对于所选取的水印嵌入位置来说，其当前输出值 $y(i,j)$ 为 255 和 0 的概率均为 0.5，同时欲在该位置嵌

入的水印信息位 $m(i)$ 为 255 和 0 的概率也都是 0.5,即实际输出值 $y(i,j)$ 与水印信息位 $m(i)$ 相一致的概率为 0.5。因此,可以将水印信息位 $m(i)$ 作为理想输出,即 $d(i)=m(i)$。当 $y(i,j)$ 与 $m(i)$ 不一致时,扩散核便对当前输出结果进行反复训练,直到二者相等为止。方法如下(伪代码)。

if $d(i)!=y(i,j)$ /* 理想输出与实际输出不一致 */

then{

  $\varepsilon=d(i)-y(i,j)$ /* 计算理想输出与实际输出之差 */

  repeat{

    $W_{i+1}=W_i+\dfrac{(\eta\cdot\varepsilon\cdot X)}{\parallel X\parallel^2}$ /* 对权矢量进行训练 */

    $a^*(i,j)=X^{\mathrm{T}}\cdot W_{i+1}$

    if $g(i,j)+a^*(i,j)\geqslant T$

    then $y^*(i,j)=255$

    else $y^*(i,j)=0$

    $\varepsilon^*=d(i)-y^*(i,j)$}

  until $\varepsilon^*!=0$}

else no change

  每次经过训练后,都会导致权矢量 W 发生变化,这样就难以保证 Steinberg 核各系数之和为 1,为了维持图像整体质量,需要利用式(5.12)对扩散核进行调整,使其系数之和保持等于 1。

$$W^*=\frac{W}{\displaystyle\sum_{i=1}^{4}w_i} \tag{5.12}$$

其中,W 为发生改变的权矢量,W^* 为调整后的权矢量。通过上述计算,就可以得到含有数字水印的半色调图像 G^*。

5.3.2 数字水印的提取

  使用与嵌入时相同的密钥 Key 产生 $P\times Q$ 个伪随机位置,并以此作为数字水印提取位置。同时直接取出这些位置的像素值,再对其进行升维处理和逆置乱变换,便可得到新的二值水印 S^*。

5.4　实验结果

为了验证本章半色调图像水印算法的高效性,以下分别给出了检测性能测试、抗攻击能力测试的实验结果,并与文献[9]算法进行了对比。实验中,所选用的原始载体为 $512 \times 512 \times 8b$ 标准灰度图像 Lena、Mandrill 和 Barbara。数字水印采用了 32×32 的二值图案"俊"。训练常数选取为 $\eta = 0.6$。

5.4.1　检测性能测试

图 5.4 为嵌入数字水印嵌入前后的效果的对比。此外,为了消除观测者的经验、身体条件、实验条件和设备等主、客观因素的影响,需采用归一化相关系数(Normalized Cross-Correlation,NC)对抽取的水印和原始水印的相似性进行定量评价。表 5.1 给出了两种半色调图像数字水印算法的透明性对比结果。

(a) 原始图像(灰度)及原始水印　　　　　　(b) 水印图像(半色调)及提取水印

图 5.4　数字水印嵌入前后效果比较

表 5.1　含水印半色调图像与原始载体间的峰值信噪比　　(单位:dB)

	本章算法	文献[9]算法
Lena	6.7052	6.5270
Mandrill	6.6679	6.2480
Barbara	7.0474	6.8812

5.4.2 抗攻击能力测试

　　为了检测算法的稳健性,仿真实验分别对本章算法和文献[9]算法的含水印半色调图像进行了一系列攻击,包括:JBIG2压缩、噪声叠加、几何剪切、涂鸦及打印-扫描等。其中,在含水印半色调图像打印前需经过"加框"操作,然后再经扫描后,根据"框"的几何变化对其进行几何修正。

　　图5.5分别给出了对含水印半色调图像进行JBIG2压缩、噪声叠加、几何剪切、涂鸦和打印-扫描攻击后的半色调图像及其提取结果。表5.2给出了两种半色调图像水印的鲁棒性能比较结果。

(a) JBIG2压缩

(b) 噪声叠加(0.05)

(c) 涂鸦　　　　　　　(d) 任何剪切(1/2)　　　　　　(g) 打印-扫描

图5.5　遭受攻击的含水印半色调图像

表5.2　数字水印对常见图像处理与攻击的抵抗能力(NC)

攻击方式	参数	Lena		Mandrill		Barbara	
		本章	文献[9]	本章	文献[9]	本章	文献[9]
JBIG2压缩	0.6	0.9821	0.9800	0.9708	0.9619	0.9810	0.9771
叠加椒盐噪声	0.05	0.9403	0.9327	0.9370	0.9131	0.9403	0.9326
	0.10	0.8819	0.8667	0.8828	0.8601	0.8819	0.8664

续表

攻击方式	参数	Lena		Mandrill		Barbara	
		本章	文献[9]	本章	文献[9]	本章	文献[9]
几何剪切	1/4	0.7220	0.7169	0.7220	0.7083	0.7220	0.7169
	1/2	0.5923	0.5881	0.5923	0.5607	0.5923	0.5881
涂鸦攻击	随机	0.9584	0.8614	0.9248	0.8297	0.9223	0.8527
打印-扫描		0.8232	0.5421	0.8542	0.6021	0.8397	0.5821

小结

　　本章提出了一种稳健的半色调图像水印算法,该算法以神经网络为基础,能够通过自适应调节误差扩散滤波器等措施,实现水印嵌入与半色调处理的同步完成。仿真实验表明,所提出的半色调图像水印算法不仅具有良好的透明性,而且对 JBIG 压缩、叠加噪声、遮盖、涂鸦和打印-扫描等攻击均具有较好的稳健性。特别地,该算法在提取数字水印时,不需要原始载体图像。

参考文献

1. Allebach J P, Kacher D. Joint halftoning and watermarking. In: Proceedings of the 2000 IEEE International Conference on Image Processing, Vancouver, BC, 11-15 October 2000, 2: 487-489.

2. C W Wu. Multimedia data hiding and authentication via halftoning and coordinate projection. EURASIP Journal on Applied Signal Processing, 2002, (2): 143-151.

3. Fu Ming Sun, Au O C. Data hiding watermarking for halftone images. IEEE Transactions on Image Processing, 2002, 11(4): 477-484.

4. 牛少彰,钮心忻,扬义先,胡文庆. 半色调图像中数据隐藏算法. 电子学报,2004,32(7): 1180-1183.

5. 徐朝詠. 基于条件概率之数位半色调影像浮水印技术[D]. 台北:国立高雄第一科技大学电脑与通信工程系,2002.

6. B E Bayer. An optimum method for two-level rendition of continuous-tone pictures.

In：Proc IEEE International Conference on Communication，1973：2611-2615.

7. R W Floyd，L Steinberg. Adaptive algorithm for spatial grey scale. In：Proc SID Int Symp Teach Papers，1975：36-37.

8. 齐东旭. 分形及其计算机生成. 北京：科学出版社，1994.

9. 俞龙江，牛夏牧，孙圣和. 一种旋转、尺度变换和平移鲁棒水印算法. 电子学报，2003，31(12A)：2071-2073.

第 **6** 章 抗几何攻击的图像水印算法概述

6.1 引言

鲁棒水印技术的研究与应用取得了很大进展,已有大量不同的鲁棒性算法。不幸的是,绝大多数水印算法所强调的鲁棒性只不过是水印对抗一般信号处理(压缩、滤波和噪声干扰等)的稳健性能。数字水印技术在应用了嵌入对策、扩频技术、信道编码技术和利用了视觉系统特性提高水印的嵌入强度后,对多数常规攻击的鲁棒性较好,然而,绝大多数水印算法不能抵抗甚至是微小的几何攻击,现有的水印技术抵抗"同步"攻击的能力很差,抗几何攻击的数字水印技术是目前水印技术研究的热点。

几何攻击是指水印进行的如缩放、旋转、裁剪和平移等几何操作,它通过上述操作试图破坏载体数据和水印的同步性。虽然被攻击的数字作品中水印仍然存在,而且幅度没有变化,但是由于水印信号已经错位,不能维持正常水印检测过程所需要的同步性,无法被检测出来。当前水印算法对抗几何攻击的效果都比较差,几何攻击作为水印研究的难点,对很多水印算法构成了难以估量的威胁,极大地影响了水印技术的发展。常见的几何攻击有以下几种。

(1) 剪切:由于只对版权数据的核心感兴趣,可剪切图像的其余部分使水印信息受到破坏。

(2) 旋转:是扫描后对图像进行的一种基本变换,它使图像的水平特征重新排列,小角度的旋转常与剪切相结合,虽不会改变图像的商业价值,但却降低了水印的可检测性。

（3）缩放：分为均匀水平和垂直方向的缩放（变换因子相同）以及非均匀水平和垂直方向的缩放（变换因子不同），通常的水印算法仅对均匀缩放具有鲁棒性。

（4）随机删除行列：将图像随机地删除一定数量的像素或行列后，再用另外的像素或行列补齐，对空域中直接使用扩频技术的水印算法是一种非常有效的袭击。

（5）合成几何变换：将非均匀缩放旋转剪切集成在一起的几何变换是数字水印算法最难克服的攻击。

几何攻击破坏了水印数据中的同步性，改变了像素灰度值与其坐标之间的对应关系，使得水印嵌入和水印提取这两个过程不对称。轻微的几何变换就可以严重地破坏图像数据的同步性，极大地影响了图像数据的质量和可靠性。对于大多数水印技术，水印提取都需要事先知道嵌入水印的确切位置。几何攻击非常容易进行，简单的几何攻击就能造成水印的丢失，甚至图像的破坏，对很多水印算法构成了难以估量的威胁，极大地影响了水印技术的有效性。经过几何攻击后，水印将很难被提取出来。

看下面如图 6.1 所示这个例子。图 6.1(a) 为随机序列的原始水印，图 6.1(b)～6.1(d) 为攻击后的水印序列。图 6.1(b) 为水印序列叠加一个随机噪声攻击，图 6.1(c) 为剪切掉水印序列 75% 数据，图 6.1(d) 为水印序列向右平移一个元素，等效为水印的同步受到攻击。计算图 6.1(b)～图 6.1(d) 归一化相似值分别为 0.63、0.43 和 0.03。实验结果表明：在水印检测中，破坏水印的同步比直接破坏数据更加有效，失去同步意味着失去水印。

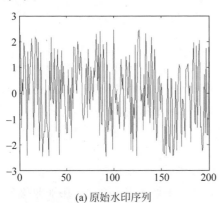

(a) 原始水印序列

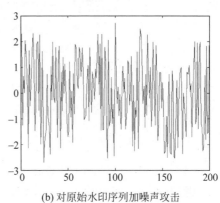

(b) 对原始水印序列加噪声攻击

图 6.1　水印序列攻击测试

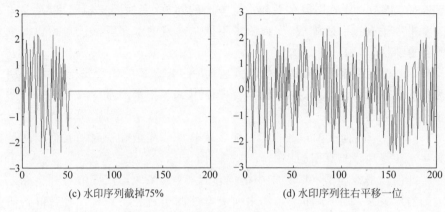

(c) 水印序列截掉75%　　　　　　(d) 水印序列往右平移一位

图 6.1 （续）

6.2 抗几何攻击图像水印算法研究现状

实现抗几何攻击的鲁棒性是数字水印领域内公认的难题。到目前为止，大量相关研究已经开展，并提出了很多抗几何攻击的数字水印方法，根据这些算法大致可以分为两大类。第一类基于攻击校正的水印方法，指的是在几何变形导致水印检测失同步的情况下，在水印检测前设法通过几何校正恢复同步。第二类基于几何不变性的水印方法，是将水印嵌入基于不变性的变换通道中，使得几何变形不影响水印信息的提取。

6.2.1 基于攻击校正的水印方法

几何攻击破坏了水印的同步，但如果能检测到图像遭受的几何变换系数，并在水印检测前进行相应的反变换，则可重新获得同步。从这种补偿的思路出发可获得抵抗几何攻击的鲁棒水印算法。下面将分别介绍几种不同的方案，它们的共同之处是最终确定了几何变形系数。

1. 基于原始图像的水印方法

水印检测时需借助于原始图像或者未受攻击的水印图像，从攻击后的水印图像与原始图像的几何关系，估计出水印图像的几何变形，在水印检测前对其几何形变进行校正，从而有效降低水印的检测错误率。主要包含以下两个步骤。

（1）借助参考图像，估计水印图像的几何变形类型和相应的参数。水印所受到的几何攻击类型和参数可以采用现有的图像校准技术来估计。由于不知道图像所遭受的几何变形，因此，几何变形的类型和参数只能采取搜索判断的策略来估计，这是一项计算量较大的工作。对每一种可能的攻击，需要以一定的步长进行逆变换，然后计算逆变换的水印图像与参考图像的相似性，以此决定水印图像的几何变形类型和相应的参数。

（2）根据上述所求出的参数，对水印图像进行几何变换。这种变换是几何变形的逆运算，变换的目的在于校正几何变形。

刘九芬等[1]在 DWT 域嵌入水印，然后把原始图像当作参考图像，可能已变形的水印图像当成目标图像，依靠现有的图像校准技术，恢复几何变形，取得了比较好的效果。Davoine[2]受到视频编码中运动补偿的启发，将原始图像划分成三角网格，并将该网格作为参照坐标系，在水印检测前对可能已变形的水印图像与参考图像进行运动估值，然后对可能已变形的水印图像进行补偿，但该算法仅对小的变形有效。Johnson 等[3]把不同分辨率和不同角度的图像边缘特征点作为参照坐标系来识别图像的变形和参数，然后恢复几何变形。由于借助图像特征点的方法本身精度不够，该算法还需借助于原始图像应用视频进行精细校正。Braudaway 等[4]在原始图像和水印图像中建立三个以上的参考点，然后采用穷尽搜索的方法找到它们之间的最佳匹配，以此来确定水印图像中每个像素在水平和垂直方向上的变形。Kang X. G. 等[5]在 DWT 域嵌入水印，并引入距离测量的概念，通过寻找使水印图像和原始图像间的距离最小的反攻击变换，实现水印检测的重同步。该类水印算法的优点是通过借助原始图像能比较准确地估计出图像所遭受的几何攻击参数，但不足是需要借助于原始图像，使得它的应用受到较大的限制。

2. 基于同步模板匹配水印方法

其基本思想是：在嵌入水印的同时嵌入一个模板，模板不包含任何信息，其作用是跟踪图像所经历的仿射变换，在水印检测前，先计算原始模板与图像模板的相关系数，求出图像经历的仿射变换，然后对其做反变换，从而提取出水印。

通常模板信息不是直接嵌入到图像空间域中，因为直接嵌入到图像空间域中的特征标记会对图像的质量造成一定的影响，同时有可能被攻击者识别并消除，从而导致无法在攻击后的图像中提取模板信息，由于 DFT 域具有一定的几何不变性，因此成为众多模板水印算法的模板嵌入空间。

典型的算法有 Pereira 等人[6]提出的将模板嵌入到图像傅里叶频谱的中频圆环上，通过放大圆环上被选择的系数幅度来形成一些局部峰值。该算法的鲁棒水印按不同的编码也嵌入到 DFT 域。水印检测时利用相关最大值运算匹配模板，决定水印图像可能遭受的几何攻击，然后对水印图像进行逆变换，就可在 DFT 域内检测到鲁棒水印。康显桂等[7]则是将模板水印和鲁棒水印嵌入到不同的变换域。鲁棒水印嵌入到 DWT 域的 LL 子带系数中，以提高水印的鲁棒性；而将模板水印嵌入到图像的 DFT 域中频系数上。其优点是模板水印和验证水印互不干扰，同时也改善了水印图像的质量。Motallebi F 等[8]同样也提出了将模板水印嵌入到 DFT 变换域中，而在小波域中嵌入鲁棒水印。

胡玉平等[9]提出一种基于小波域的抗几何变换的自适应图像水印算法，此方法根据人眼视觉系统掩蔽特性，将水印自适应地嵌入 DWT 域的低频子带。并且通过在 DFT 中频区域一个圆环上嵌入模板以及对一个限定区域不变质心的提取，实现在水印检测前估算和校正图像所经历的几何变换。俞龙江等[10]提出一种基于时域的抗几何攻击水印技术，利用边框这一简单的图形通过对其检测和提取，完成对几何失真参数的检测。利用检测获得的几何失真参数对图像进行校正，使图像基本恢复原图从而无失真地提取水印。仿真实验证明，该方法在含水印图像受到几何攻击后，仍可无失真地提取水印。

王春桃等[11]提出了一种结合 Zernike 矩和模板具有 RST 不变性的 DWT-HMM 鲁棒水印算法，首先利用平移归一化图像的 Zernike 矩估计出缩放和旋转角度参数，并用校正或近似校正旋转和缩放后的图像和原图像间的质心增量来估计平移参数；然后基于这些估计参数在一个相对较小的范围内匹配小波域模板来获取准确的 RST(旋转、缩放和平移)值，并用它们来校正受攻击的图像。

Lu W. 等[12]提出了一种特征点检测和水印模板的抗几何攻击水印算法，使用交互式滤波模式从原始图像中提取特征点，基于提取出的特征点构建水印模板，水印自适应地嵌入到由特征点所定位的特征区域中。

总体说来，基于模板或可识别结构的图像水印技术具有比较好的抵抗常规处理和简单仿射变换能力，但其存在几个弱点：①如果辅助信息的检测失效，将导致水印检测的失败；②利用这种方法的水印图像都有一个共同的辅助信息，因此易遭受共谋攻击；③辅助信息将降低水印图像的质量或者减少水印的数据量；④无法有效抵抗剪切、局部弯曲等较为复杂的几何攻击。

3. 基于自参考的水印方法

与嵌入同步模板不同的是，自参考水印算法利用水印自身作为模板或产生模板。一般做法是将一个周期的信号嵌入图像的空间域作为水印的自相关函数（Auto-Correlation Function，ACF）。检测时首先通过计算图像的自相关函数，分析水印的 Auto-Correlation（AC）峰值来评估系统可能遭受哪种攻击，然后针对这种攻击进行反变换，从而提取出水印信号。检测过程中虽然没有直接嵌入模板，但是通过自相关计算，依然在自相关域中得到了一个具有可识别结构的模板，而且这个模板随着图像的几何变换也会发生相应的变化。

典型的算法有 Kutter[13] 提出的一种自参考方法，他将同一个水印分别嵌入在图像 4 个不同的位置，检测时不需要原始图像。首先利用一个十字形的预测滤波器进行水印估计，然后计算预测水印的自相关函数（ACF），由于水印的 4 次嵌入会使预测水印的自相关函数出现 9 个峰值，根据自相关函数峰值位置的改变可以预测水印图像遭受的仿射变换的参数。Voloshynovskiy S. 等[14] 进一步发展了自参考的思想，提出了一种水印块分配方案，水印检测时利用预测水印的傅里叶幅度谱恢复几何攻击引起的失真，作者称这种水印算法可以同时抵抗仿射变换攻击和压缩攻击。

Deguillaume 等[15] 提出了这样一种算法：①把具有周期模式的水印重复多次嵌入图像中；②对待检测的图像进行频谱分析，对峰值点进行 Hough 变换，估计仿射变换矩阵；③对待检测图像进行相应的反变换，提取水印。赵耀等[16] 的算法是将水印扩展到整幅图像大小，这样处理后的水印自相关函数会产生大量峰值，而且这些峰值位置构成形状规则的栅格。检测时先做水印预测然后计算预测水印的自相关函数，通过自相关函数的峰值位置构成的形状规则的栅格与原始栅格的比较，判断遭受的几何变换攻击并进行逆变换，最后根据常规的相关检测方法进行水印检测。

这种水印算法可以较好地抵抗旋转、伸缩、平移和改变长宽比等全局几何攻击以及打印扫描攻击，但是由于峰值太少且幅度下降明显，不能很好地抵抗剪切、压缩、滤波和镜像等攻击。这种方法的主要缺点是几何变换和水印序列都要检测成功才能检测出水印，而且两个过程都要足够稳健，对篡改攻击要求具有强的抵抗性能。

4. 基于图像的几何矩的水印方法

图像的几何矩是一种最简单的图像矩，其计算比较简单。经过基本的几何变换后，该图像的几何矩表示也会有相应的变化，而这些变换在矩域中比在原始像素域中更容易实现，从而可以较为精确地计算出图像的几何变换参数。

张力等[17,18]提出了一种基于 Tchebichef 矩的几何攻击不变性第二代水印算法，利用原始图像的 Tchebichef 矩估计图像可能经历的几何攻击的参数来还原图像，原始图像的 Tchebichef 矩又作为水印检测器的密钥，水印嵌入过程结合人类视觉系统的特性，且可以在任何图像变换域中实现，给出了小波域的一种实现方法。桑茂栋等[19]则利用图像的几何矩对图像标准化，然后将多比特水印信息扩频调制为 CDMA 水印嵌入，水印检测过程不需要原始图像，利用几何矩对嵌入水印的图像进行标准化和规格化处理后则可提取水印，可是该算法对于图像遭受比较大的攻击如剪切、行列删除等攻击时，其鲁棒性明显减弱。周晓[20]提出了基于 Randon 变换和图像矩的抗 RST 攻击算法，利用 Randon 变换和 0、1 阶图像矩的抗 RST 攻击参数估计算法，来估计图像经过的 RST 变换参数，并利用估计出的参数来校正水印图像。杨晓元等[21]提出了一种基于 Cartesian 矩的水印图像矫正算法，利用水印图像几何变换前后的 Cartesian 矩计算出水印图像缩放因子、旋转角度和平移参数，实现了对水印图像几何失真的快速校正。算法不但可以校正水印图像的旋转失真、缩放失真和平移失真，还能有效地校正联合失真。徐紫涵等[22]则是以回归型支持向量机理论为基础，结合性能稳定的伪 Zernike 矩和 Krawtchouk 矩，提出了一种可能有效抵抗一般性几何攻击的强鲁棒数字图像水印检测算法。该算法首先选取图像的低阶 Krawtchouk 矩作为特征向量，然后利用 SVR 对几何变换参数进行训练学习并对待检测图像进行数据预测，最后对其逆行几何校正并提取水印信息。

6.2.2 基于不变性的水印方法

1. 基于 RST 不变性的水印方法

通过对原始图形进行一些数学变换，找到一个几何不变域，然后把水印嵌入这个域中。由于具有几何不变性，在水印图像遭受几何攻击后，这些域中的量没有变化,因而隐藏于其中的水印信息得以保存。该类算法的优点是不用确定并恢复几何攻击,但目前这类算法只能抵抗 RST。因此,在 DFT 幅值谱嵌入水印的算法难以成为抗几何攻击水印的主流算法。

Fourier-Mellin 变换是一种具有 RST 不变性的变换,采用 Fourier-Mellin 变换将图像转换到 RST 不变域,然后在 RST 不变域中嵌入水印。这种方法通过改变 RST 不变域的某些值,从而将水印嵌入到 RST 不变域。同样,水印提取时将图像进行 Fourier-Mellin 变换,将图像转化到 RST 不变域,根据确定的水印嵌入方法提取水印。该方法由于要对图像先后进行 Fourier 变换和 Mellin 变换,因此会对图像的恢复造成一定的失真。

O'ruanaidh J. 和 Pun T. [23]首先提出把水印嵌入到 Fourier-Mellin 变换域中。该算法第一步计算图像的 DFT,因为图像在空间域内的线性平移只是引起 Fourier 变换域内的相位线性平移,而幅值不变,因此如果水印嵌入到幅值的子空间里,它对于空间坐标平移具有不变性。第二步,对 DFT 的幅值进行极坐标映射(Log-Polar Map,LPM),这时笛卡儿坐标系变为对数极坐标系,笛卡儿坐标系中的缩放和旋转对应于对数坐标系中的平移。第三步再对对数极坐标上的系数做 DFT,只取 DFT 的幅值,那么得到的空间具有 RST 不变性。水印嵌入到该空间可以对抗 RST。水印图像由两次逆 DFT 和一次逆 LPM 得到。事实上,该算法仅仅是理论上的。由于算法中 LPM 导致的图像质量下降和运算量较大,并且在 $512 \times 512 \times 8b$ 图像上嵌入的信息量也只有 13 个字符,因而该算法并不易于被实际推广。

Lin 等[24]改进了 O'ruanaidh J 的方法,不是做两次 DFT 得到"强不变量"而是只做一次 DFT,该算法把图像 DFT 的幅度谱重采样后做 LPM,再沿着坐标轴 $\log(r)$ 把幅度系数连加得到一维函数,最后把水印加载到该函数上。但是这个算法构造的水印并非真的是 RST 不变的,实际上,在 RST 变换后它也会有轻微的改变,但由于充分利用了扩频通信系统中有关边信息的原理,因此使得水印检测仍然是鲁棒的。同样,Kin B. S. 等[25]对文献[23]进行了改进,对水印嵌入的框图做了如下修改:对原始图像进行对数-极坐标映射(LPM),因为空域的 LMP 容易解决插值问题(邻近像素具有相似性);对对数-极坐标映射后的图像进行二维 DFT 变换,在其幅度中嵌入水印。这样一来,只需要计算一次 DFT 变换。该算法把水印嵌入到感知重要的频带上。此外,避开了求对数-极坐标逆映射的困难,保持了较好的图像质量。

Solachidis 等人[26]提出了一种基于 DFT 几何不变性的盲水印算法。该算法先对原始图像做二维 DFT,再向其频谱的中频区域嵌入一个二维环形对称水印序列,其中水印序列由 1 和 −1 组成,并保持均值为 0。检测时,计算待检图像的 DFT 谱系数与水印序列之间的相关系数的均值。只有当图像中嵌有水印时,均值才不等于 0,其他任何情况下均值为 0。在平移的情况下,这个算法可直接实现鲁棒性。但旋转的情况要麻烦一点儿,为了确定旋转的角度,该算法不得不将 DFT 谱从 0°到 180°逐角度依次旋转,取各次计算所得均值的最大值为检测输出。而在缩放的情况下,检测器输出的均值与缩放因子成正比。这个算法对剪切也有一定的鲁棒性。可以看出,DFT 的旋转和缩放性质在笛卡儿坐标系中是无法直接实现某种不变性的,但如果采用 Log-polar 映射,则笛卡儿坐标系中的旋转和缩放被转化为 Log-polar 坐标系中的平移了,这时如果再做一次 DFT,就可以实现对旋转、缩放、平移的不变性了。Licks 等[27]对其进行了修正,提出在 DFT 幅值谱的中频带某一圆周上嵌入伪随机序列,虽然克服了前述方案在抵抗旋转攻击方面的缺陷,但对长宽比改变和行列移除的攻击不具有鲁棒性。这两种算法都没有使用 LPM 变换,避免了图像质量的严重下降。

由于 DFT 变换的幅度谱有较好的几何特性,具有平移不变性,所以有很多水印算法直接将水印嵌入在水印图像的 DFT 域中,文献[28,29]也就如何在不变域插入水印的问题做了有益的工作。

2. 基于图像归一化的水印方法

图像归一化(Image Normalization)是指通过几何变换把图像变成一种标准形式,对原始图像和待检测图像进行同样的归一化处理,水印的嵌入和检测在归一化的图像中进行。

Song Q. 等[30]提出了一种基于图像归一化的几何攻击鲁棒性水印算法,从被归一化的图像中选择参数作为水印,水印被自适应地嵌入到被归一化后图像中。Zheng D. 等[31]首先提取出一个旋转不变特征点,然后以特征点为圆心构造一定的特征区域并作为水印嵌入区域,水印在嵌入与提取前对特征区域进行归一化处理。Manuel C. H. 等[32]提出了基于图像归一化和纹理分类的几何攻击鲁棒水印,通过几何不变特征对图像进行归一化。根据图像块的纹理信息,把水印自适应地嵌入到 DCT 域中。Vural C. 等[33]则提出了一种基于图像向量归一化的鲁棒水印,首先通过图像向量进行归一化,再对归一化区域做二维多重小波变换,水印嵌入到变换域中。孟岚等[34]则以图像归一化理论为基础,首先利用基于矩的图像归一化技术将原始载体映射到几何不变空间内,并结合不变质心理论提取出归一化图像的重要区域;然后对重要区域实施分块离散傅里叶变换;最后结合幅值谱信息自适应确定水印嵌入位置,并利用量化调制策略将数字水印嵌入到重要区域的相位和幅值内。

Rothe 等人[35]则提出在标准归一化图像 DCT 的中频域嵌入 CDMA 水印信号,这种算法的不足之处在于需要附加约束条件来唯一确定归一化图像的位置。扬文学等[36]在此基础上进行了算法改进,避免了约束条件的计算,简化了图像的归一化过程。Ping D. 等[37]提出了一种基于图像归一化技术的图像水印算法。先把原始图像按照标准的归一化步骤进行处理,得到标准位置的归一化图像;然后在标准归一化图像中选择一个最大的矩形区域作为水印的嵌入区,经过 CDMA 扩谱后的水印信号被嵌入在矩形区域的DCT 的中频域中。Alghoniemy M 等[38]提出了一种基于几何矩的归一化方法,对原始图像和待检测图像分别计算一些与图像本身几何矩有关的参数来对图像进行归一化处理。

文献[39-41]利用图像的归一化的思路来抗击几何攻击能力,但这些方法的抗剪切攻击能力较差。

该类算法收敛性通常较好,不足之处是图像保真度较差,嵌入水印前后的图像对比度变化较大,不能容忍任何的纵横比变化及剪切操作。

3. 基于奇异值分解的水印方法

从图像处理的角度来看,奇异值分解(Singular Value Decomposition,SVD)具有以下主要特征:一幅图像的奇异值具有相当好的稳定性,也就是说,当图像受到轻微的扰动时,它的奇异值不会发生剧烈的改变。奇异值能够表现出图像内在的代数特性,从而可以有效地抵抗旋转和由图像扫描与打印引起的一些几何变形,但缺点是只能抵抗小的变形攻击。

周波等[42]通过严格的数学推导证明了基于奇异值分解的图像数字水印算法对转置、镜像、旋转、放大和平移的几何不变性。Liu R. Z. 等人[43]提出一种基于奇异值分解的单向非对称水印算法,其特征在于将一幅数字图像设为非负矩阵,进行奇异值分解,将伪随机序列构成的水印嵌入到原始图像的奇异值中。张宪海等[44]提出了一种基于 DFT-SVD 域的抗几何攻击图像水印算法,提取出 DFT 变换域的中频系数并对其做奇异值分解,水印被嵌入其中。同鸣等[45]利用了奇异值良好的稳定特性,通过对宿主载体和水印图像的奇异值进行混合运算嵌入水印,同时引入了 Fast ICA 算法,在满足算法强稳健性和透明性的同时,保证了快速的收敛性和盲提取要求。Liu L 等[46]则提出了一种基于 SVD-DCT 的鲁棒性水印算法,先对图像做 DCT 变换,再对 DCT 系数做奇异值分解,水印嵌入到奇异值中。

4. 基于几何不变性的图像特征点水印方法

传统水印算法的思路是将水印嵌入到图像的像素或者变换系数中。这种方法的特点是用水印信息替换原始图像的不重要部分,但水印攻击能在保证图像具有可接受的视觉质量的前提下,除去图像的不重要部分(水印嵌入部分)。因此,从本质上讲,传统水印算法的鲁棒性具有本质上的缺陷。Kutter 将空域、频域和其他变换域水印算法统称为第一代水印,Kutter 指出,第一代水印的缺点在于没有将水印信号直接嵌入在视觉重要成分中,并首次提出第二代水印的概念:利用相对稳定的图像特征点来标识水印嵌入位置,并在与每个特征点相对应的局部区域(简称为"局部特征区域")内独立地嵌入水印信息,同时利用特征点来定位和检测数字水印,从而有效抵抗几何攻击。但不是所有种类的特征点都适合用于水印技术。适合作水印的特征点如下。

(1) 对噪声不敏感(有损压缩、加性、乘性噪声等)。这意味着只有重要的特征适合于水印,因为攻击不会改变这些重要特征,否则图像的商业价值将丢失。

(2) 协变于几何变换(旋转、平移、下采样、长宽比改变等)。描述了图像受到几何攻击时特征应有的变化,并且适度的几何调整不应破坏或改变特征。

(3) 局部性(图像裁剪不会改变剩下的特征点)。意味着特征应该有较好的局部属性,使得水印算法能够抵抗几何裁剪等。

Kutter 等[47]先利用二维 Mexican 小波尺度交互方法提取图像的特征点,然后以特征点为中心对图像进行 Voronoi 分割,在分割后的各局部区域中分别嵌入扩频水印。尽管该方法提取的特征点是抗旋转攻击的,但 Voronoi 分割区域不能抗旋转攻击,因此检测时需要不断地尝试旋转搜索。Bas 等[48]用 Harris 检测器对原始图像进行处理,得到局部极大点集,并对得到的特征点进行 Delaunay 三角剖分,水印嵌入到这些不相交的三角形中。检测时对待检测图像进行同样的 Harris 检测和 Delaunay 三角剖分,计算那些保持原来顶点坐标位置和形状的三角形与相应的水印的相关值,把它们累加起来进行门限判决。该算法有很好的健壮性,几乎能抵抗目前已知的所有攻击。然而算法的有效性有赖于图像特别是高纹理区,在遭受几何攻击后,Harris 算子提取出的特征点在 Delaunay 后的三角形能否保持原来的物理位置和形状。

Liu 等[49] 提出基于图像局部特征点检测的抗 RST 几何攻击鲁棒水印算法,该算法使得图像的特征点分布在图像的整体部位,而不是仅分布在图像纹理丰富的地方,并且不同部位设定不同的门限值。Nikolaidis 等[50] 提出一种基于图像分割的同步方法,通过应用自适应均值聚类技术分割图像,选择若干块较大的区域,并且将这些区域拟合成椭圆块,这些椭圆块的外接长方形被用作嵌入水印信息的块。该方法的问题是图像分割依赖于图像内容,所以图像失真严重影响了分割的结果。

钟桦等[51] 提出了一种基于特征子空间的水印算法,利用 K-L 变换,通过修改 K-L 变换系数嵌入水印。该方案提出了一种水印嵌入的新思路,即从特征子空间的角度来嵌入水印。但是图像信号不同于其他普通信号,从而特征空间并不能合理反映图像的视觉内容,算法中只是简单地应用视觉系统的照度掩蔽和纹理掩蔽特性,提出一种简单的分块处理技术来控制水印的强度因子。另外,水印的检测需要原始图像。

Tang 等[52] 提出了一种结合图像特征提取和图像正则化的水印算法,可同时抵抗几何变形和常规信号处理攻击。采用墨西哥草帽小波尺度交互方法提取特征点,并把它们作为水印嵌入和水印检测的参考点,图像的正则化则用于抵抗旋转攻击,同时也有效地简化了水印检测过程。Solachidis V. 等[53] 提出了一个基于 DWT 和特征的水印算法。该算法把一个无意义的伪随机序列组成的水印,嵌入到小波分解最高级别的高频子带的大系数(图像的边界和纹理)中,即把水印直接嵌入到特征点,但它还把一部分特征点作为水印检测的参考点。

王向阳等[54] 首先利用多尺度 Harris 检测算子从载体图像中提取出稳定的特征点,然后根据特征尺度确定特征区域,并对其施归一化处理,最后结合预失真补偿理论,采纳 DFT 中频幅值比较策略将水印重复嵌入到多个归一化的局部特征区域中。Yu Y. W. 等[55] 利用 Harris 检测器从图像中提取特征点,并选择一定大小的以特征点为圆心的区域作为特征区域,对其做 DFT 变换和 LPM 变换,水印被自适应地嵌入到 LPM 域中。Tone M. 等[56] 利用 Harris-Affine 检测器从图像中提取特征点和椭圆形的特征区域,并将椭圆形特征区域归一化到圆型区域,水印嵌入其中。李振宏等[57] 提出了基于尺度不变特征变换(SIFT)实现抗几何攻击数字水印。对 SIFT 进行图像特征点的检测,选择合适的特征点生成载体图像中的圆形区域,将圆形区域划分为扇形区域,然后采用空域奇偶量化方法进行水印信息的嵌入。为抵抗几何攻击,检测前基于 SIFT 稳定特征点实现图像缩放和旋转角度的估计,并就估计结果进行图像缩放和旋转恢复,对恢复后的图像进行数字水印的检测。

　　第二代水印技术充分利用了图像本身的属性,对几何变换攻击的鲁棒性将在更高的层次上实现,一般的攻击手段即使可以使图像产生失真,但只要图像的高级属性能被识别,水印算法就一样可以保证很高的鲁棒性。相对于基于参考模板或自相关的水印算法来说是个很大的进步,也引起了研究学者的广泛关注,目前对第二代水印技术的研究仍处于起始阶段,其潜力还有待进一步挖掘,并有可能成为未来水印技术研究的主流方向。

小结

　　本章介绍了目前抗几何攻击水印算法的主要分类,并介绍了各种抗几何攻击算法的一些典型算法,通过比较分析可得知:第一类基于攻击校正的水印算法。其优点是水印嵌入算法可以充分借鉴已有的鲁棒性(非抗几何攻击)算法,水印嵌入方式灵活多变,且能嵌入足够信息量的水印。但其不足是水印检测时需要借助原始图像等辅助信息,不利于实际应用。第二类基于不变性的水印算法,其优点是水印检测方便直接,但缺点是因为算法对水印嵌入位置有具体要求,从而导致水印嵌入信息量不足。各种抗几何攻击水印算法各有其优缺点,所以借鉴各种抗几何攻击水印算法的优点,克服其缺点,从而设计出一种合理且满足实际应用需要的抗几何攻击水印算法是我们下一步研究的重点。

参考文献

1. 刘九芬,王振武,黄达人.抗几何攻击的小波变换图像水印算法[J].浙江大学学报,2003,37(4):386-392.
2. Davoine F. Watermarking et résistance aux deformation géometriques [C]. In Cinquiemes journéees d'études et d'échanges sur la compression et la representation des

signaux audiovisual，Centre de Recherché et Développement de France Télécom
（Cnet），EURECOM，Conseil Général des alpes-Maritimes and Télécom Valley，Sophia-
Antipolis，France，Jun，1999：14-15.

3. Johnson N F，Duric Z，Jajodia S. Recovery of watermarks from distorted images[C].
In Proceeding 3rd Internet Information Hiding Workshop，Dresden，Germany，1999：
361-375.

4. Braudaway G W，Minter F. Automatic recovery of invisible image watermarks from
geometrically distorted images［C］. Security and Watermarking of Multimedia
Contents Ⅱ，San Jose，CA，USA，January 24-26，2000，3971：74-81.

5. Kang X G，Huang J W，Shi Y Q. An image watermarking algorithm robust to
geometric distortion[J]. Lecture Notesin computers Science：Proceeding of IWDW
2002，Spinger-Verlag，2002，2613：212-213.

6. Pereira S，Pun T. Fast robust template matching for affine resistant image watermarks
[J]. IEEE Transactions on Image Processing，2000，9（6）：1125-1129.

7. 康显桂，黄继武，林彦，杨群生.抗仿射变换的扩频图像水印算法[J].电子学报，2004，9
（6）：8-12.

8. Motallebi F，Aghaeinia H. RST invariant wavelet-based image watermarking using
template matching techniques[C]. 1st International Congress on Image and Signal
Processing，Sanya，Hainan，China，May 27-30，2008，5：720-724.

9. 胡玉平，韩德志，羊四清.抗几何变换的小波域自适应图像水印算法[J].系统仿真学
报，2005，17（10）：2470-2475.

10. 俞龙江，牛夏牧，孙圣和.一种旋转、尺度变换和平移鲁棒水印算法[J].电子学报，
2003，31（12）：2071-2073.

11. 王春桃，倪江群，黄继武，张荣跃.结合 Zernike 矩和模板具有 RST 不变性的 DWT-
HMM 鲁棒水印算法[J].中国图像图形学报，2008，13（7）：1250-1257.

12. Lu W，Lu H T，Chung F L. Feature based watermarking using watermark template
match[J]. Applied Mathematics and Computation，2006，177（1）：377-386.

13. Kutter M. Watermarking resisting to translation rotation and scaling［C］.
Proceedings of the 1998 Multimedia Systems and Applications，Boston，
Massachusetts，1999，3528：423-431.

14. Voloshynovskiy S，Deguillaume F，Pun T. Content adaptive watermarking based on a
stochastic multiresolution image modeling［C］. In：Proceeding of EUSIPCO 2000，
Tampere，Finland，Sepetember，2000.

15. Deguillaume F，Voloshynovskiy S，Pun T. A method for the estimation and recovering
from general affine transforms in digital watermarking applications[C]. Security and
Watermarking of Multimedia Contents IV，San Jose，USA，January 21-24，2002，4675：
313-322.

16. 桑茂栋，赵耀.抵抗几何攻击的数字图像水印[J].电子与信息学报，2004，26（12）：

1875-1880.

17. Zhang L，Qian G B，Xiao W W. Geometric distortions invariant blind second generation watermarking technique based on tchebichef moment of original image[J]. Journal of Software，2007，18(9)：2283-2294.

18. 张力，韦岗，张宏基. Tchebichef 矩在图像数字水印技术中的应用[J]. 通信学报，2003，24(9)：11-18.

19. 桑茂栋，赵耀. 基于几何矩的抵抗 RST 攻击的数字图像水印[J]. 电子与信息学报，2007，29(1)：77-81.

20. 周晓. 基于 Randon 变换和图像矩的抗 RST 攻击算法[J]. 计算机科学，2007，34(12)：257-259.

21. 杨晓元，钮可，魏萍，吴艺杰. 基于 Cartesian 矩的水印图像矫正算法[J]. 计算机工程，2007，33(12)：139-141.

22. 徐紫涵，王向阳. 可有效抵抗一般性几何攻击的数字水印检测方法[J]. 自动化学报，2009，35(1)：23-27.

23. O'ruanaidh J，Pun T. Rotation，scale and translation invariant digital image watermarking[J]. IEEE International Conference on Image Processing Santa Barbara，CA，USA，October 26-29，1997，1：536-539.

24. Lin C，Wu M，Bloom J，Cox I J，et al. Rotation，scale，and translation resilient watermarking for images[J]. IEEE Transactions on image Proceedings，2001，10(5)：767-782.

25. Kim B S，Choi J G，Park C H，et al. Robust digital image watermarking method against geometrical attacks[J]. Real-Time Image，2003，9(2)：139-149.

26. Solachidis V，Pitas I. Circularly symmetric watermark embedding in 2-D DFT domain [J]. IEEE Transactions on Image Processing，2001，10(11)：1741-1753.

27. Licks V，Jordon R. On digital image watermarking robust to geometric transformations[C]. IEEE International Conference on Image Processing，Vancouver，BC，Canada，September 10-13，2000，3：[d]690-693.

28. Shi L，Hong F，et al. Geometrical transformations resistant digital watermarking based on quantization[J]. Wuhan University Journal of Natural Sciences，2005，10(1)：319-323.

29. Zheng D，Zhao J，Saddik A. RST invariant digital image watermarking based on log-polar mapping and phase correlation[J]. IEEE Transaction Circuits System Video Technology，2003，13(8)：753-765.

30. Song Q，Zhu G X，Luo H J. Geometrically robust image watermarking based on image normalization[C]. 2005 International Symposium on Intelligent Signal Processing and Communication Systems，Hong Kong，China，December 13-16，2005：333-336.

31. Zheng D，Zhao J Y. A rotation invariant feature and image normalization based image watermarking algorithm[C]. IEEE International Conference onMultimedia and Expo，

Beijing, China, July 2-5, 2007: 2098-2101.

32. Manuel C H, Mariko N M, Hector P M. Robust watermarking to geometric distortion based on image normalization and texture classification[C]. IEEE International 51st Midwest Symposium on Circuits and Systems, Knoxville, TN, United states, August 10-13, 2008: 245-248.

33. Vural C, Kazan S. Robust digital image watermarking based on normalization and complex wavelet transform [C]. 4th Ph. D. Research in Microelectronics and Electronics Conference 2008, Istanbul, Turkey, June 22-25, 2008: 57-60.

34. 孟岚,杨红颖,王向阳.基于图像归一化的 DFT 域数字水印嵌入算法[J].小型微型计算机系统,2008,29(11): 2153-2156.

35. Rothe I, Susse H, Voss K. The Method of Normalization to Determine Invariants[J]. Patern Analysis and Machine Intelligence, IEEE Transaction on, 1996, 18 (4): 366-376.

36. 扬文学,赵耀.抵抗仿射变换攻击的多比特图像水印[J].信号处理,2004,20(3): 245-252.

37. Ping D, Galatsanos NP. Affine transformation resistant watermarking based on image normalization[J]. IEEE International Conference on Image Processing, 2002, 3: 489-492.

38. Alghoniemy M, Tewifik A H. Geometric distortions correction through image normalization[C]. In: Processing of ICME, New York, USA, July 30-August 2, 2000: 1291-1294.

39. Ping D, Brankov J. Geometric robust watermarking based on a new mesh model correction approach [C]. International Conference on Image Processing, Rochester, NY, United states, September 22-25, 2002, 3: Ⅲ/493-Ⅲ/496.

40. Bas P, Chassery J M, Macq B. Geometricaly invariant watermarking using feature points[J]. IEEE Transaction Image Processing, 2002, 11(9): 1014-1028.

41. Alghoniemy M, Tewfik A H. Geometric invariance in image watermarking[J]. IEEE Transaction Image Processing, 2004, 13(2): 145-153.

42. 周波,陈健.基于奇异值分解的抗几何失真的数字水印算法[J].中国图像图形学报, 2004,9(4): 507-509.

43. Liu R Z, Tan T N. SVD-based watermarking scheme for protecting rightful ownership[J]. IEEE Transaction on Multimedia, 2002, 4(1): 121-128.

44. 张宪,杨永田.基于 DFT-SVD 域抗几何攻击图像水印算法[J].计算机工程,2006,32 (18): 120-122.

45. 同鸣,冯玮,姬红兵.一种强稳健性的抗几何攻击图像水印算法[J].系统仿真学报, 2008,20(24): 6613-6617.

46. Liu L, Sun Q. Robust image watermarking against geometrical attacks[C]. IET International Conference on Wireless Mobile and Multimedia Networks Proceedings,

Hangzhou,China,November 6-9,2006：292.

47. Kutter M,Blmattacharjee S K,Ebrhinmi T. Towards second generation watermarking schemes［C］. IEEE International Conference on Image Processing, Kobe, Japan, October 24-28,1999,1：320-323.

48. Bas P,Chassery J M,Macq B. Geometrically invariant watermarking using feature points［J］. IEEE Transaction on Image Processing,2002,11(9)：1014-1028.

49. Liu J,Yang H J,Kot A C. Relationships and unification of binary images data-hiding methods［C］. IEEE International Conference on Image Processing, Genova, Italy, September 11-14,2005,1：11-14.

50. Nikolaidis A,Pitas I. Region-based image watermarking［J］. IEEE transastions on Image Processing,2001,10(11)：1726-1740.

51. 钟桦,焦李成.基于特征子空间的数字水印技术［J］.计算机学报,2003,26(3)：1-6.

52. Tang C,Huang H. A feature based robust digital image watermarking scheme［J］. IEEE Transactions on Signal Processing,2003,51(4)：950-959.

53. Solachidis V,Pitas L. Circularly symmetric watermark embedding in 2-D DWT domain［J］. IEEE Transactions Image Process,2001,10：1741-1753.

54. 王向阳,侯丽敏,邬俊.基于图像特征点的强鲁棒性数字水印嵌入方案［J］.自动化学报,2008,34(1)：1-6.

55. Yu Y W,Lu Z D,Ling H,Zou F. A robust blind image watermarking scheme based on feature points and RS-invariant domain［C］. 8th International Conference on Signal Processing,Guilin,China,November 16-20,2006,2.

56. Tone M,Hamada N. Scale change and rotation invariant digital image watermarking method［J］. Systems and Computers in Japan,2007,38(10)：1-11.

57. 李振宏,吴慧中.基于 SIFT 的抗几何攻击局部化图像水印［J］.计算机工程,2008,34(19)：154-156.

第 **7** 章　基于归一化图像重要区域的图像水印算法

7.1　引言

近年来,数字图像水印技术研究取得了很大进展,并陆续提出了一系列数字图像水印算法[1]。但遗憾的是,现有绝大多数图像水印方案仅能够对抗常规的信号处理(如有损压缩、低通滤波、噪声干扰等),而无法有效抵抗诸如旋转、缩放、平移(Rotation,Scaling,Translations,RST)、行列去除、剪切、镜像翻转、随机扭曲(Random Bending Attack,RBA)等几何攻击。因此,抗几何攻击的高度鲁棒性数字图像水印算法研究仍然是一项富有挑战性的工作[2,3]。

截至目前,人们主要采用三种措施设计抗几何攻击的图像水印方案,分别为:①利用几何不变量;②隐藏模板;③利用原始图像重要特征。第一类算法的基本思想是从原始图像中找具有几何不变性的量用来隐藏水印。由于具有几何不变性,在含水印图像遭受几何攻击后,这些量没有变化,因而隐藏于其中的水印信息得以保存。Fourier-Mellin 变换是最早的为抗几何攻击而设计的图像水印算法[4]。该算法第一步对图像做 DFT,因为图像在空间域内的平移只引起 DFT 域内的相位线性平移,而幅值不变。第二步,对 DFT 的幅值进行 LPM(Log-Polar Map),这时笛卡儿坐标系变为对数极坐标系。笛卡儿坐标系中的缩放和旋转对应于对数极坐标系中的平移。第三步再对该对数极坐标上的系数做 DFT,只取其幅值,那么得到的变换空间便具有 RST 不变性。Kim[5] 等提出一种基于 Zernike 矩的水印算法。该算法首先计算图像的 Zernike 矩。因为图像在空间域内的旋转只引起图像

Zernike 矩的相位偏移，而幅值不变。然后对幅值进行坐标归一化，从而实现了 RST 不变。Dong P.[6]等首先将图像归一化到一个标准形式，即归一化图像（该图像不受几何变换的影响）；然后再利用 DCT 变换实现水印的嵌入和检测。第二类算法的基本思想是在隐藏水印的同时，嵌入一个能指示出图像几何变换的辅助信息，即模板。检测时，利用模板信息来纠正含水印图像可能遭受的几何攻击，从而实现了水印的重同步。目前，该类算法的模板都是通过在 DFT 幅值谱中人为生成极值点的方式来实现的[7,8]。第三类算法的基本思想为：利用图像中相对稳定的特征点标识水印嵌入位置，并在与每个特征点相对应的局部区域内独立地嵌入数字水印，同时利用特征点来定位和检测数字水印，从而有效抵抗几何攻击（该部分内容在第 4 章着重讨论）。

然而，现有的大量的抗几何攻击水印算法普遍存在透明性差，隐藏信息量小，鲁棒性不够以及与新一代压缩标准不兼容的缺陷。由于 DWT 良好的空间-频率分解特性（更符合 HVS 的特点）和在新一代压缩标准中的地位，正在逐步取代 DCT 域水印算法成为主流算法。由于 DWT 本身不具有几何不变性，使得 DWT 域水印算法不具有抗几何攻击的能力。因此如何设计可有效抵抗几何攻击的 DWT 域水印算是一项十分有意义的工作。鉴于此，本章提出一种可有效抵抗几何攻击的高度鲁棒数字图像水印方案，该方案首先利用归一化技术构造出载体图像的几何不变量，然后提取出归一化图像的重要区域，最后结合 DWT 系数相关性，利用自适应量化调制策略将水印信息嵌入到归一化图像的重要区域内。实验结果表明，该图像水印方案不仅具有良好的透明性，而且具有较强的抗攻击能力。

7.2　图像归一化技术简介

图像归一化是计算机视觉、模式识别等领域广泛使用的一种技术[9]。所谓图像归一化，就是通过一系列变换，将待处理的原始图像转换成相应的唯一标准形式（该标准形式图像对平移、旋转、翻转、缩放等仿射变换具有不变特性）。近年来，基于矩的图像归一化技术受到了人们的普遍关注，其基本工作原理为：首先利用图像中对仿射变换具有不变性的矩来确定变换函数的参数，然后利用此参数确定的变换函数把原始图像变换为一个标准形式的图像（该图像与仿射变换无关）。

一般说来,基于矩的图像归一化过程包括 4 个步骤,即坐标中心化、x-shearing 归一化、缩放归一化和旋转归一化。设原始图像 $f(x,y)$ 的仿射变换图像为 $f(x_a,y_a)$,则有:

(1) 坐标中心化。将原始图像 $f(x,y)$ 按照如下公式进行坐标中心化,可以消除平移变换对图像归一化过程的影响

$$\begin{bmatrix} x_a \\ y_a \end{bmatrix} = \begin{pmatrix} a_{11} & a_{12} \\ a_{21} & a_{22} \end{pmatrix} \begin{pmatrix} x \\ y \end{pmatrix} - \begin{pmatrix} d_1 \\ d_2 \end{pmatrix} = A \cdot \begin{pmatrix} x \\ y \end{pmatrix} - d \qquad (7.1)$$

其中,$A = \begin{pmatrix} 1 & 0 \\ 0 & 1 \end{pmatrix}$,$d = \begin{pmatrix} d_1 \\ d_2 \end{pmatrix}$,$d_1 = \dfrac{m_{10}}{m_{00}}$,$d_2 = \dfrac{m_{01}}{m_{00}}$,$m_{10}$、$m_{01}$ 和 m_{00} 是原始图像 $f(x,y)$ 的几何矩。令 $f_1(x,y)$ 表示坐标中心化后的图像。

(2) x-shearing 归一化。即对坐标中心化图像 $f_1(x,y)$ 按照如下公式进行变换处理

$$\begin{bmatrix} x_a \\ y_a \end{bmatrix} = \begin{pmatrix} 1 & \beta \\ 0 & 1 \end{pmatrix} \cdot \begin{pmatrix} x \\ y \end{pmatrix} \qquad (7.2)$$

其中,参数 $\beta = -\dfrac{\mu_{11}^{(1)}}{\mu_{02}^{(1)}}$($\mu_{pq}^{(1)}$ 为中心化图像 $f_1(x,y)$ 的中心矩)。令 $f_2(x,y)$ 表示 x-shearing 归一化后的图像。

(3) 缩放归一化。即对 x-shearing 归一化图像 $f_2(x,y)$ 按照如下公式进行变换处理

$$\begin{bmatrix} x_a \\ y_a \end{bmatrix} = \begin{pmatrix} \alpha & 0 \\ 0 & \delta \end{pmatrix} \cdot \begin{pmatrix} x \\ y \end{pmatrix} \qquad (7.3)$$

其中,$\alpha = \pm\sqrt{\dfrac{1}{\mu_{20}^{(2)}}}$,$\delta = \pm\sqrt{\dfrac{1}{\mu_{02}^{(2)}}}$($\mu_{pq}^{(2)}$ 为 x-shearing 归一化图像 $f_2(x,y)$ 的中心矩),其符号选择需结合约束条件 $u_{50}^{(3)} > 0$ 和 $u_{05}^{(3)} > 0$ 完成($\mu_{pq}^{(3)}$ 为缩放归一化图像 $f_3(x,y)$ 的中心矩)。令 $f_3(x,y)$ 表示缩放归一化后的图像。

(4) 旋转归一化。即对缩放归一化图像 $f_3(x,y)$ 按照如下公式进行变换处理

$$\begin{bmatrix} x_a \\ y_a \end{bmatrix} = \begin{bmatrix} \cos\phi & \sin\phi \\ -\sin\phi & \cos\phi \end{bmatrix} \cdot \begin{pmatrix} x \\ y \end{pmatrix} \qquad (7.4)$$

其中,$\phi = \arctan\left(-\dfrac{\mu_{30}^{(3)} + \mu_{12}^{(3)}}{\mu_{03}^{(3)} + \mu_{21}^{(3)}}\right)$($\mu_{pq}^{(3)}$ 为缩放归一化图像 $f_3(x,y)$ 的中心矩)。令 $f_4(x,y)$ 表示旋转归一化后的图像。

需要指出的是,$f_4(x,y)$ 即为所求取的归一化图像,其对平移、旋转、翻

转、缩放等仿射变换均具有不变特性。

7.3　归一化图像重要区域的确定

由基于矩的图像归一化理论可知,归一化图像普遍具有冗余特性(即归一化图像的"黑边"部分,参见图 7.1(b))。因此,若直接将水印信号嵌入到整个归一化图像内,则逆归一化过程势必导致部分水印信息丢失,从而严重影响数字水印的隐藏效果。为此,本章将利用区域不变质心理论,从归一化图像中提取出重要区域并用于水印嵌入。

设原始载体图像的归一化图像为 $I=\{g(i,j),1\leqslant i\leqslant M,1\leqslant j\leqslant N\}$,$R$ 是归一化图像 I 内的某个区域,则图像区域 R 的不变质心可以定义为:

$$x_R = \frac{\sum\limits_{x\in R}\sum\limits_{y\in R}g(x,y)\cdot x}{\sum\limits_{x\in R}\sum\limits_{y\in R}g(x,y)} \tag{7.5}$$

$$y_R = \frac{\sum\limits_{x\in R}\sum\limits_{y\in R}g(x,y)\cdot y}{\sum\limits_{x\in R}\sum\limits_{y\in R}g(x,y)} \tag{7.6}$$

其中,$(x,y)\in \mathbb{R}^2$,$\mathbb{R}^2$ 是目标图像的某一区域。

于是,归一化图像重要区域的确定方法可描述如下。

(1) 利用高斯滤波器对归一化图像进行平滑处理,以消除噪声干扰。

(2) 根据图像区域不变质心定义,计算出整个归一化图像的质心 $C_0(x_I,y_I)$,并将其作为归一化图像的不变质心初值。

(3) 根据图像区域不变质心定义,计算出以 (x_I,y_I) 为圆心、r 为半径的圆形区域的不变质心 $C_1(x_C,y_C)$。

(4) 若 $C_1(x_C,y_C)=C_0(x_I,y_I)$,则转步骤(5);否则,令 $C_0(x_I,y_I)=C_1(x_C,y_C)$,并转步骤(3)。

(5) $C_0(x_I,y_I)$ 为整个归一化图像的不变质心。

接下来,以整个归一化图像的不变质心为中心点,选取大小为 $S_1\times S_2$ 的矩形区域作为整个归一化图像的重要区域。图 7.1 给出了本章算法所确定的归一化图像重要区域效果。不难看出,所给出的归一化图像重要区域确定方法具有较好的鲁棒性能(包括常规攻击和几何攻击)。

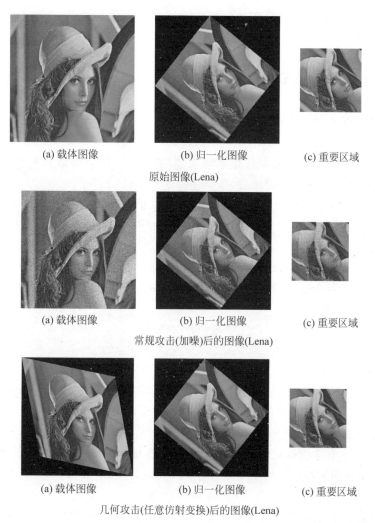

(a) 载体图像　　　　　(b) 归一化图像　　　　(c) 重要区域

原始图像(Lena)

(a) 载体图像　　　　　(b) 归一化图像　　　　(c) 重要区域

常规攻击(加噪)后的图像(Lena)

(a) 载体图像　　　　　(b) 归一化图像　　　　(c) 重要区域

几何攻击(任意仿射变换)后的图像(Lena)

图 7.1　归一化图像重要区域的确定

7.4　基于归一化图像重要区域的数字水印算法

　　为了有效抵抗几何攻击,本章以图像归一化理论为基础,提出了基于归一化图像重要区域的数字水印方案。该方案首先利用归一化技术构造出载体图像的几何不变量,然后提取出归一化图像的重要区域,最后结合小波系数相关性,利用自适应量化调制策略将水印信息嵌入到归一化图像的重要区域内。

7.4.1 数字水印的嵌入

设原始载体为 256 级灰度图像 $F=\{f(i,j),1\leqslant i\leqslant M,1\leqslant j\leqslant N\}$,数字水印为二值图像 $W=\{w(i,j),1\leqslant i\leqslant P,1\leqslant j\leqslant Q\}$。其中,$f(i,j)$ 和 $w(i,j)$ 分别代表原始载体图像和二值水印图像的第 i 行、第 j 列像素灰度值,则数字水印的嵌入过程(关键步骤)可描述如下。

Step1. 数字水印的加密处理。首先将二值水印图像利用行扫描形成一维向量,并依次标号为 1 到 $P\times Q$,即得到由原二值水印图像 W 转换而来的一维数字水印序列 V:

$$V=\{v(k),1\leqslant k\leqslant P\times Q,v(k)\in\{0,1\}\} \tag{7.7}$$

然后利用 logistic 映射产生混沌密钥,对一维数字水印序列进行加密处理,其工作步骤如下。

(1) 用 logistic 映射产生伪随机序列,即

$$X_{k+1}=\mu X_k(1-X_k)=f(\mu,X_k) \tag{7.8}$$

其中,参数 $1\leqslant\mu\leqslant4$。实验证明,当 $\mu\in(3.9,4.0)$ 时,系统将进入混沌状态,产生具有 0 均值、互相关性为 0 的混沌序列,且该序列具有白噪声的统计特性。显然,只要使用不同的初值 X_1,并采用不同的参数 μ,就可以得到不同的伪随机序列。

(2) 将上述伪随机序列二值化成掩蔽模板 MS(二值化过程中,阈值取 0.5),并利用其加密一维数字水印序列 V(通过按位异或操作),即

$$VM=V\oplus MS \tag{7.9}$$

Step2. 原始载体图像的归一化处理。利用基于矩的图像归一化技术,对原始载体图像 F 进行归一化处理,以得到相应的归一化图像 I。

Step3. 归一化图像重要区域的确定。结合区域不变质心理论,从归一化图像 I 中提取出重要区域 O。

Step4. 归一化图像重要区域的小波变换。对归一化图像重要区域 O 实施 n 级小波变换,可得到一系列不同分辨率及不同方向的多个子带。为了保证数字水印透明性与鲁棒性之间的良好平衡,本章选取归一化图像重要区域的小波变换低频区(O_n^{LL} 子带)作为数字水印嵌入区,这是因为:①水印编码可看作是在强背景(原始图像)下叠加一个弱信号(水印)。只要叠加的

信号低于对比度门限,视觉系统就无法感觉到信号的存在。而根据 Weber 定律,对比度门限和背景信号的幅值成正比例。由于低频系数的幅值一般远大于高频系数,故低频系数具有比较大的感觉容量。也就是说,在低频系数内嵌入水印信息不会引起原始图像视觉质量的明显改变。②根据信号处理理论,嵌入水印的图像最有可能遭遇到的常规信号处理过程,如 JPEG 压缩、叠加噪声等,对低频系数的影响比高频系数小。

Step5. 数字水印的嵌入。将采用量化调制小波系数方法,将数字水印信息(已经过加密处理)嵌入到归一化图像重要区域的小波变换域内。

首先,利用伪随机种子在 O_n^{LL} 子带内随机选取不重合的 $P \times Q$ 个位置作为水印信号的嵌入位置。这里,伪随机种子被视作密钥 Key。

然后,量化调制所选取的小波系数,以完成水印信息嵌入。本章所采用的量化嵌入规则为:

$$O_n^{LL'}(x_k, y_k) = Q(O_n^{LL}(x_k, y_k)) + vm(k) \times \Delta(x_k, y_k) \tag{7.10}$$

$$Q(O_n^{LL}(x_k, y_k)) = \text{floor}\left(\text{round}\left(\frac{O_n^{LL}(x_k, y_k)}{\Delta(x_k, y_k)}\right)/2\right) \times 2\Delta(x_k, y_k) \tag{7.11}$$

其中,$O_n^{LL}(x_k, y_k)$ 和 $O_n^{LL'}(x_k, y_k)$ 分别为修改前后的小波系数;(x_k, y_k) 为第 n 级子带内的带内坐标位置($x_k \in \{1, 2, \cdots, S_1/2^n\}$,$y_k \in \{1, 2, \cdots, S_2/2^n\}$);round($\cdot$)为舍入取整操作,floor($\cdot$)为截断取整操作;$\Delta(x_k, y_k)$ 为量化步长。

对基于量化的图像水印嵌入方法来说,量化步长 Δ 的选取至关重要。因为量化步长 Δ 与水印嵌入强度密切相关,Δ 取值越大,数字水印鲁棒性能越好(但同时也更容易给图像引入失真)。选取确定量化步长 Δ 应充分考虑图像自身特点和人眼视觉特性。另外,科学研究表明:①对于同一幅图像而言,不同局部区域对噪声的敏感度不同,在平滑区域容易引起较大的失真;②根据人眼视觉特性可知,人眼对于纹理复杂区域的变化有较低的敏感度,故可以在那里嵌入较大强度的水印而不会引起视觉上的失真。考虑到对载体图像而言,其小波系数幅值反映了该区域的图像局部特性,因此可使用相同分解级的三个相邻子带 O_n^{LH}、O_n^{HL} 和 O_n^{HH} 中,相同位置的小波系数来预测该系数上嵌入的量化步长 $\Delta(x_k, y_k)$ 值,即采用自适应量化步长选取策略。

$$\Delta(x_k, y_k) = \alpha \times 2^n \times \ln \frac{|O_n^{LH}(x_k, y_k)| + |O_n^{HL}(x_k, y_k)| + |O_n^{HH}(x_k, y_k)|}{2}$$

$$\tag{7.12}$$

其中,α 为拉伸因子。

　　显然,对原始载体图像的纹理复杂区域而言,与待量化小波系数处于同一分解级相邻子带(LH 子带、HL 子带和 HH 子带)内相应位置上的小波系数相对较大,故有比较大的量化步长 $\Delta(x_k,y_k)$ 值,于是实现了嵌入强度与区域特性的自适应。同时,对数运算可将小波系数的指数增长转为线性增长方式,会带来更小的失真,更加符合人眼的视觉特性。

　　Step6. 逆小波变换。用含水印信息的小波系数 $O_n^{\mathrm{LL}'}(x_k,y_k)$ 代替 $O_n^{\mathrm{LL}}(x_k,y_k)$ 并结合未修改的小波系数进行 n 级逆小波变换,便可得到含水印归一化图像重要区域 O'。

　　Step7. 含水印图像的获得。与现有归一化图像水印方案不同,本章将采用预失真补偿策略获取含水印图像 F',其目的在于降低归一化操作对载体图像造成的失真,即提高数字水印的透明性。具体操作如下。

　　(1) 计算原始归一化图像 I 与含水印归一化图像 I' 间的差值图像 $D=I-I'$;

　　(2) 差值图像 D 做逆归一化操作,得到逆差值图像 D';

　　(3) 将逆差值图像 D' 直接叠加于原始载体图像 F 上,即可得到含水印图像 F'。

7.4.2　数字水印的提取

　　水印提取是水印嵌入的逆过程。本章讨论的数字水印检测算法属于目标检测算法,即在检测数字水印时不需要原始载体图像。设待检测图像为 F^*,则数字水印检测过程如下。

　　Step1. 利用基于矩的图像归一化技术,对待检测图像 F^* 进行归一化处理,以得到相应的归一化图像 I^*。

　　Step2. 结合区域不变质心理论,从归一化图像 I^* 中提取出重要区域 O^*。

　　Step3. 对归一化图像重要区域 O^* 实施 n 级小波变换,并选取低频区 ($O_n^{*\mathrm{LL}}$ 子带)用于水印提取。

　　Step4. 利用密钥 Key 选取最低频小波系数 $O_n^{*\mathrm{LL}}(x_k,y_k)$ ($1\leqslant k\leqslant P\times Q$),并按照如下规则提取水印信息

$$\mathrm{vm}^*(k)=\mathrm{mod}\Big(\mathrm{round}\Big(\frac{O_n^{*\mathrm{LL}}(x_k,y_k)}{\Delta(x_k,y_k)}\Big),2\Big) \qquad (7.13)$$

其中,$\mathrm{mod}(\cdot,2)$ 为模 2 取余操作;$\mathrm{vm}^*(k)\in\mathrm{VM}^*$;量化步长 $\Delta(x_k,y_k)$ 的计

算方法参照式(7.12)。

Step5. 按照 7.4.1 节的水印信息加密原理,选用同样的初值 X_1 和参数 μ 生成掩蔽向量 MS,并对 VM^* 进行解密处理,即

$$V^* = VM^* \oplus MS(\oplus \text{ 为异或运算}) \tag{7.14}$$

最后,对所提取出的一维二进制序列 V^* 进行升维处理(按照水印嵌入过程的相反操作),便可得到二值水印图像 $W^* = \{w^*(i,j), 1 \leqslant i \leqslant P, 1 \leqslant j \leqslant Q\}$。

7.5 实验结果

为了验证本章数字图像水印算法的有效性,以下分别给出了透明性测试、抗攻击能力(鲁棒性)测试的实验结果,并与文献[6]和[8]算法进行了对比。实验中,所选用的原始载体分别为 $512 \times 512 \times 8b$ 标准灰度图像 Lena、Mandrill 和 Pepper,数字水印采用了 16×16 写有"辽"字样的二值图像(256b)。归一化图像中的重要区域的大小设置为 $S_1 = S_2 = 256$,量化步长的拉伸因子为 $\beta = 2$,小波变换级数为 $n = 3$,混沌加密的初值 $X_1 = 0.1$,参数 $\mu = 4$。

7.5.1 检测性能测试

图 7.2 为 Lena、Mandrill 和 Pepper 的水印图像(利用本章算法)。表 7.1 给出了两种水印方案的透明性对比实验。

(a) 水印图像Lena   (b) 水印图像Mandrill   (c) 水印图像Pepper

图 7.2 数字水印的嵌入效果(本章算法)

表 7.1　透明性对比(本章算法和文献[6]算法)(PSNR)

	本 章 算 法	文献[6]算法
Lena	43.23dB	35.07dB
Mandrill	44.02dB	34.80dB
Pepper	43.17dB	36.66dB

对于载体图像来说,在两种算法的误码率(BER)相差无几的情况下,利用本章算法得到的水印图像的峰值信噪比(PSNR)的平均值为 43.47dB,比文献[4]高 7.97dB,并且此时水印的嵌入容量是文献[6]的 5 倍多。

7.5.2　抗攻击能力测试

为了检测本章算法的鲁棒性能,分别对嵌有 256b 信息的水印图像(以 Lena 为例)进行一系列攻击(包括常规信号处理和几何攻击)并与文献[8]进行比较。

(1) 行列移除:(a) (1,1)、(b) (1,5)、(c) (5,1)、(d) (5,17)和(e) (17,5),其中每一组数字分别表示被移除的行数和列数。

(2) 缩放:(a) 0.5、(b) 0.8、(c) 1.2、(d) 2.0、(e) 3.0、(f) 4.0 和 (g) 5.0,其中小数表示缩放尺度。

(3) 长宽比改变:(a) (0.8,1.0)、(b) (0.9,1.0)、(c) (1.1,1.0)、(d) (1.2,1.0)、(e) (1.0,0.8)、(f) (1.0,0.9)、(g) (1.0,1.1),其中每一组数字分别表示 x 方向和 y 方向上改变的尺度。

(4) 旋转:(a) 15、(b) 30、(c) 45、(d) 60、(e)60 和(f) 90,其中数字表示旋转角度。

(5) 剪切:(a) (0,1%)、(b) (0,5%)、(c) (1%,0)、(d) (5%,0)、(e) (1%,1%)和(f) (5%,5%),其中每一组数字分别表示 x 方向和 y 方向上剪掉的百分比。

(6) 线性仿射变换:(a)[1.1　0.2;−0.1　0.9]、(b)[0.9　−0.2;0.1　1.2]。

(7) 镜像翻转:(a)和(b)分别表示水平和垂直方向的镜像反转。

(8) 常规信号处理:(a) 3×3 中值滤波、(b) 3×3 高斯滤波、(c) 3×3 边缘锐化,其中高斯滤波和边缘锐化的模板分别为:

$$\begin{bmatrix} 1 & 2 & 1 \\ 2 & 4 & 2 \\ 1 & 2 & 1 \end{bmatrix} \quad \begin{bmatrix} 0 & -1 & 0 \\ -1 & 5 & -1 \\ 0 & -1 & 0 \end{bmatrix}$$

(9) 噪声叠加：(a)高斯噪声(均值为 0,方差为 0.05)、(b)高斯噪声(均值为 0,方差为 0.04)、(c)椒盐噪声(0.01)、(d)椒盐噪声(0,0.04)。

(10) JPEG 压缩：(a) 90、(b) 70、(c) 50、(d) 30 和(e) 20,其中数字表示品质因子。

(11) JPEG2000 压缩：(a) 90、(b) 70、(c) 50、(d) 30,其中数字也表示品质因子。

测试结果如表 7.2 所示。表 7.3 给出从遭受各种攻击的水印图像中提取的二值水印信息(部分结果,每种攻击只举一例)。对于相同的载体图像 (Lena)且在嵌入信息量相差无几的情况下(文献[8]嵌入 264b),本章算法的 PSNR 提高了 3dB 多。从表 7.2 可以看出,在抵抗几何攻击方面,本章算法有一定程度的改善(特别是对行列移除、缩放、剪切和镜像翻转等几种攻击而言)。

表 7.2　鲁棒性对比(本章算法和文献[8]算法)(BER)

攻击方式	(a) 本章	(a) [8]	(b) 本章	(b) [8]	(c) 本章	(c) [8]	(d) 本章	(d) [8]	(e) 本章	(e) [8]	(f) 本章	(f) [8]	(g) 本章	(g) [8]
行列移除	0.01	0.11	0.07	0.13	0.07	0.13	0.1	0.29	0.1	0.29				
缩放	0	0	0	0	0	0	0.06	0.19	0.17	0.63	0.2	0.78	0.28	0.88
长宽比	0	0	0	0	0	0	0	0	0	0	0	0		
旋转	0	0	0	0	0	0.01	0.05	0.07	0.06	0.1	0.03	0.01		
剪切	0.15	0.17	0.19	0.21	0.15	0.17	0.19	0.21	0.2	0.35	0.31	0.65		
线性变换	0	0	0	0.01										
镜像翻转	0.02	0.85	0.02	0.84										
信号处理	0.18	0.25	0.12	0	0.02	0.06								
叠加噪声	0.13	0.21	0.28	0.25	0.14	0.23	0.25	0.31						
JPEG	0.01	0	0.01	0	0.03	0	0.03	0	0.1	0				
JPEG2000	0.01	0.01	0.01	0.04	0.04	0.07	0.07	0.05						

表 7.3 本章算法的提取效果

攻击方式	未攻击	行列移除(1,5)	缩放(1.2)	长宽比改变 (1.0,1.1)
提取水印				
攻击方式	旋转(45)	剪切 (1%,1%)	线性变换	水平镜像翻转
提取水印				
攻击方式	中值滤波 (3×3)	高斯噪声 (0,0.04)	JPEG 70	JPEG2000 70
提取水印				

小结

本章针对图像水印领域的一个研究热点——同步问题,提出了一种可有效抵抗几何攻击的图像水印新算法。首先利用基于矩的图像归一化技术将载体图像映射到几何不变空间内,并结合不变质心理论在归一化图像中确定重要区域。然后,根据人眼视觉系统掩蔽特性,通过量化调制 DWT 系数的方式将一个大小为 256b 的可读水印自适应地嵌入到归一化图像的重要区域内。同时,本章还采用预失真补偿策略弥补了图像归一化误差比较大的缺陷。水印提取时无须求助于原始载体,很好地实现了盲检测。仿真实验结果表明所提出算法不仅具有良好的透明性,而且对常规信号处理和大部分几何攻击均具有较强的鲁棒性。

参考文献

1. Barni M,Cox I J,Kalker T. Digital watermarking. In:4th International Workshop on Digital Watermarking 2005,Siena,Italy,September 15-17,2005,Lecture Notes in Computer Science (LNCS),3710,Springer,2005.
2. Licks V,Jordan R. Geometric attacks on image watermarking system. IEEE Multimedia,2005,1(3):68-78.

3. 刘九芬,黄达人,黄继武. 图像水印抗几何攻击研究综述. 电子与信息学报,2004,26(9)：1495-1503.

4. Joseph J K,Ruanaidh O,Pun T. Rotation Scale and Translation Invariant Digital Image Watermarking. Signal Processing,1998,66(3)：303-317.

5. H S Kim，H K Lee. Invariant image watermarking using zernike moments. IEEE Transactions on Circuits and Systems for Video Technology,2003,13(8)：766-775.

6. P Dong, J G Brankov,N P Galatsanos,Y Yang,and F Davoine. Digital watermarking robust to geometric distortions. IEEE Transactions on Image Processing, 2005, 14(12)：2140-2150.

7. S Pereira,T Pun. Robust template matching for affine resistant image watermarking. IEEE Transaction on Image Processing,2000,9(6).

8. Xiangui Kang,Jiwu Huang,et al. A DWT-DFT composite watermarking scheme robust to both affine transform and JPEG compression. IEEE Transactions on Circuits and Systems for Video Technology,2003,13(8)：776-786.

9. J Wood. Invariant pattern recognition：a review. Pattern Recognition,1996,29(1)：1-17.

第 8 章

基于DWT域的
抗几何攻击水印算法

8.1 引言

　　数字产品版权保护和信息安全的迫切需求,使得数字水印技术成为多媒体信息安全研究领域的一个热点问题。由于小波变换具有良好的"时-频"分解特性,符合人类视觉系统的特性,并且与新一代国际压缩标准兼容,因此,基于小波变换的数字水印算法已成为当前研究的热点。近年来,基于小波的鲁棒图像水印技术研究取得了很大进展,陆续提出了一系列优秀的水印算法[1-4]。但小波变换不具有几何变换不变性,在抵抗几何攻击方面仍然是这个领域研究的难点问题。

　　目前,已经提出了一些可以抵抗几何攻击的水印方案,但效果不太理想。文献[5-8]提出了通过估计水印图像所经历的几何变换来实现水印图像的重同步水印算法。文献[5,6]利用图像矩来估计几何变换参数,都得到了较好的实验结果,但图像矩的大小与整个图像像素的灰度值有关,所以算法对抗剪切攻击能力不足。文献[7]提出的方法能较好地估计出旋转、尺度缩放参数,但不能抵抗平移攻击。文献[8]利用 DFT 抗几何变换的特性,在DFT 中频区域的一个圆环上嵌入模板,用其校正图像可能遭受的旋转和等比例缩放攻击;提取一个限定区域的不变质心,用于校正平移攻击。再结合人眼的掩蔽特性,把水印自适应地嵌入到 DWT 域中。该算法得到了很好的实验结果,对常见的图像处理攻击和旋转、等比例缩放等攻击抵抗性能很强。算法的不足是不能抵抗组合几何攻击和不等比例缩放攻击。文献[9]提出了一种基于奇异值分解与小波分解相结合的水印算法,算法首先对图像做一层小波分解,取其低频逼近子带图像进行奇异值分解,然后在分解后的对角矩阵中嵌入水印。其优点是实现简单,时间复杂度低,但算法只能抵抗微弱的旋转攻击。

由于图像特征点具有协变于图像几何形变的性质,可用来标识水印的嵌入位置,实现水印的重同步,所以基于图像特征点的水印方案"即第二代数字水印"受到了关注。文献[10]先利用 Harris 算子提取图像特征点,以特征点作为待嵌入区域圆心,对该区域做 DFT 变换,把水印嵌入到该区域的圆环上。水印被重复地嵌入到每一特征点所确定的特征圆形区域上。文献[11]同样利用 Harris 算子提取图像特征点,再根据特征点对图像做 DT (Delaunay Tessellation)分割,然后在每个三角网格内完成水印的嵌入。该类算法的优点是可利用特征点来定位和检测数字水印,从而有效抵抗几何攻击,但不足都是隐藏信息量过小,且不能有效抵抗不等比例缩放等不规则几何变换。

现有抗几何攻击水印算法普遍对不规则几何变换的鲁棒性能不足或嵌入信息量过小。本章利用图像特征点具有协变于图像几何形变的性质和 DWT 良好的空间-频率分解特性,提出了一种以特征点作为模板的 DWT 域的水印算法。算法根据 DWT 域各空间呈小波树结构的特性,以三个低频纹理子带系数作为各方向子树的树根,选择每棵小波树中纹理最强的方向子树的树根作为水印嵌入点。并且根据嵌入系数对应低频子带系数的能量和高频叶子结点的纹理特性自适应地嵌入水印。再用改进的 Harris-Laplace 算子从含水印的图像中提取出具有几何形变鲁棒性的特征点,将其作为模板。检测时首先利用特征点模板恢复几何形变图像,实现重同步,然后再检测水印。实验结果表明,该方案不仅具有很好的透明性,且对常规信号处理和常见的几何形变攻击均具有很好的鲁棒性。

8.2　特征点模板的提取

特征点具有协变于图像几何形变的性质,因此,可作为模板来校正几何形变。人们普遍采用 Mexican Hat 小波和 Harris 算子两种方法来提取特征点[12]。前者对噪声的抵御能力较强,但对几何形变非常敏感;后者能够抗旋转、平移等几何形变,但对缩放攻击比较敏感。为了解决这些问题,Mikolajczyk 等[13]提出 Harris-Laplace 特征点检测算子,并证实其对旋转、缩放、平移以及噪声干扰等均有一定的稳定性。

8.2.1　Harris 算子

Harris 算子是以自相关矩阵为基础的,反映了该点临域的梯度分布,自相关矩阵 μ 定义为:

$$\mu(x,y,\delta_I,\delta_D) = \delta_D^2 \cdot G(\delta_I) * \begin{bmatrix} L_x^2(x,y,\delta_D) & L_xL_y(x,y,\delta_D) \\ L_xL_y(x,y,\delta_D) & L_y^2(x,y,\delta_D) \end{bmatrix}$$

$$(8.1)$$

其中,(x,y) 表示像素点坐标,δ_I 是积分尺度,δ_D 是微分尺度,L_a 表示图像的高斯尺度空间,计算函数 L 在 a 方向上的偏导数,若 δ_D 给定,则可定义为:

$$L_a(x,y,\delta_D) = G_a(x,y,\delta_D) * I \qquad (8.2)$$

其中,G 表示均值为 0 方差为 δ_D 的高斯函数,I 表示数字图像,$*$ 表示线性卷积操作。对于给定的 δ_I 和 δ_D,可确定点 (x,y) 的梯度因子 $R(x,y,\delta_I,\delta_D)$:

$$R(x,y,\delta_I,\delta_D) = \mathrm{Det}(M(x,y,\delta_I,\delta_D)) - \eta \cdot \mathrm{Tr}^2(\mu(x,y,\delta_I,\delta_D))$$

$$(8.3)$$

其中,$\mathrm{Det}(\cdot)$ 是矩阵的行列式,$\mathrm{Tr}(\cdot)$ 是矩阵的迹,η 为常数(通常取 0.04)。

条件 1:$R(x,y,\delta_I,\delta_D) > R(\hat{x},\hat{y},\delta_I,\delta_D)$　$\forall (\hat{x},\hat{y}) \in Q$

条件 2:$R(x,y,\delta_I,\delta_D) \geqslant t_u$

当点 (x,y) 的梯度因子 $R(x,y,\delta_I,\delta_D)$ 满足上述两个条件时,表明在该点正交方向上梯度变化十分显著,可作为特征点。其中,Q 表示以点 (x,y) 为中心的一临域,t_u 表示阈值。

8.2.2　特征尺度

特征尺度(Characteristic Scale)是指在特定的尺度搜索范围内,某函数极值点所对应的尺度,反映了局部图像特征与操作算子间的最大相似程度。在特征尺度下所提取的图像特征点具有缩放不变性,采用 LOG(Laplacian-of-Gaussians)作为该函数获取特征尺度。LOG 算子定义如下:

$$\mathrm{LOG}(x,y,\delta_D) = \delta_D^2 \left| \frac{\partial^2 G(x,y,\delta_D)}{\partial x^2} + \frac{\partial^2 G(x,y,\delta_D)}{\partial y^2} \right| * I \qquad (8.4)$$

8.2.3　改进的 Harris-Laplace

文献[13]提出的 Harris-Laplace 算子利用 Harris 算子在尺度 $\delta_n = s^n \delta_0$ 上建立了 N 个尺度空间的描述,其中,n 表示一系列尺度中的第 n 尺度,$n=1,2,\cdots,N$；s 表示尺度因子,自适应调整尺度间的跨度。在每一尺度空间描述上提取出大于给定阈值,且在临域 Q 内获得的极值点,然后验证该点能否在这 N 尺度空间上的某一尺度获得局部极值,如能获得极值则校验此点在这个尺度空间上的 LOG 算子是否获得极值,如果能获得极值,是特征点,否则舍弃。该算法的优点是提取的特征点鲁棒性较高,不足是 Harris-Laplace 算子的时间复杂度高,运算时间较长。本章对传统的 Harris-Laplace 算子进行改进,在确保特征点鲁棒性的前提下,减少了运算时间。具体过程如下。

Step1. 利用 Harris 算子提出候选特征点。选取某一尺度 $\delta_{H \cdot I}, \delta_{H \cdot D}$ 和阈值 t_u,利用 Harris 算子获得候选特征点集 $\{p_k\}$ ($\delta_{H \cdot I} = s^{n1} \delta_0, \delta_{H \cdot D} = 0.7\delta_{H \cdot I}$,$n_1$ 是一个常数,$1 \leqslant n_1 \leqslant N, \delta_0$ 表示初始尺度。实验中 $s=1.4, n_1=5, \delta_0=1.2, t_u=1200$)。

Step2. 粗尺度搜索。对于每个候选特征点 p_k,在尺度空间 $\delta_D^{(n)} = s^n \delta_0^{(n)}$,$n=1,2,\cdots,N$,检验 LOG 算子在此点处是否能在这 N 尺度空间内获得局部极值,若不能获得极值,舍弃该点,继续执行 Step2；如能获得局部尺度极值 δ_k,则执行 Step3(实验中 $N=15$)。

Step3. 细尺度搜索。Step2 的尺度跨度是以尺度因子 s 的指数增长的,不能精确地定位点的特征尺度,需进一步确定。以 Step2 获得的特征尺度 δ_k 为中心,搜索范围限定为 $\delta_{k \cdot t} = t\delta_k$,最后获得精确的特征尺度 δ_k'(实验中 $t=0.7,0.8,\cdots,1.4$)。

改进的 Harris-Laplace 算子,既有 Harris 算子提出的特征点鲁棒性高的优点,又包含 LOG 算子在尺度空间上易获取局部极值的特性。传统的 Harris-Laplace,需要对图像进行 N 个尺度空间的描述,那么 Harris-Laplace 算子需要在这些尺度空间分别进行特征点的计算,故需要 N 次 Harris 运算,最后再对各个尺度空间中提取出的少量特征点进行 Laplace 运算。其计算数约为:

$$\text{TC}_1 = M \cdot N(s + s^2 + \cdots + s^N)(1 + K_1)\delta_0 \tag{8.5}$$

其中,K_1 是 Harris 算子提取的特征点数和图像像素数比值,计算的是 Laplace 算子的计算数。因为特征点只占图像的很少部分,一般 $K_1 < 0.01$。

而改进的 Harris-Laplace 算子只需要进行一次 Harris 运算,其计算数约为:

$$TC_2 = M \cdot N[s^{n_1} + (s + s^2 + \cdots + s^N)(K_1 + K_2)]\delta_0 \qquad (8.6)$$

其中,K_2 是根据 Step1 和 Step2 后获取的特征点数与图像像素数比值,计算的是细尺度搜索的计算数,同样 $K_2 < 0.01$。

通过上述分析,算子的运算效率主要取决于 Harris 算子。改进的 Harris-Laplace 算子,只需一次 Harris 运算,大大降低了 Harris 算子的运算次数,与传统 Harris-Laplace 算子的计算数比值约为:

$$TP = \frac{TC_2}{TC_1} \cong \frac{s-1}{s^{N-n_1}} \qquad (8.7)$$

实验中,$N = 15$,$s = 1.4$,$n_1 = 5$,在此条件下,改进的算子运算时间仅约为传统算子的 1%。

8.2.4 特征点模板的确定

通过 LOG 算子检测后舍去了不能获得特征尺度的特征点,再从候选特征点集 $\{p_k'\}$ 中确定特征点,具体过程如下。

Step1. 从候选点集 $\{p_k'\}$ 中提取 $R(x_k, y_k, \delta_I, \delta_D)$ 绝对值最大的点,以此点的特征尺度 $[\delta_k']$ 的 υ 倍为特征区域半径([·] 表示取整,υ 是自适应常数,实验中 $\upsilon = 8$),若其特征区域没有超出图像边缘且不与已存在的特征区域有重叠,则该点是特征点,并入特征点集 $\{f_k\}$ 中,否则舍弃。

Step2. 把该点的 $R(x, y, \delta_I, \delta_D)$ 置为 0。

Step3. 如果该点是特征点,统计其特征区域的像素均值 A_k,均方差 S_k,并与特征尺度 δ_k' 构成此特征点的特征矢量 $\vec{\nu}_k$,定义如下:

$$A_k = \frac{1}{\phi} \sum_{x,y} I(x, y) \qquad (8.8)$$

$$S_k = \frac{1}{\phi} \sum_{x,y} (I(x, y) - A_k)^2 \qquad (8.9)$$

$$\vec{\nu}_k = (\delta_k, A_k, S_k) \qquad (8.10)$$

其中,ϕ 是指定特征区域的像素个数。

Step4. 重复 Step1~Step3,直到候选特征点集 $\{P_k'\}$ 的梯度因子 R 都为 0 或特征点个数大于 ω,实验中 $\omega = 20$。

以特征点的特征尺度作为选取特征区域的理论依据是特征尺度与图像局部结构具有协变特性,在发生缩放或不等比例缩放时,特征区域随图像变化而变化,从而保证提取特征点的正确性。

8.2.5 特征点匹配

在检测水印时,利用 8.2.4 节的方法提取特征点集 $\{f_k'\}$ 和对应的特征矢量集 $\{\vec{\nu_k'}\}$。图像在经过攻击后提取特征点集可能与原始特征点集 $\{f_k\}$ 不完全一致,所以第一步是要找到原始特征点 f_k 在经过攻击后的对应特征点 f_k'。具体过程如下。

Step1. 对原始特征矢量集 $\{\vec{\nu_k}\}$ 和攻击后的特征矢量集 $\{\vec{\nu_k'}\}$ 中各矢量的分量分别归一化处理,归一化后的特征矢量集分别为 $\{\bar{\nu}_k\}$ 和 $\{\bar{\nu}_k'\}$。

Step2. 搜索原始特征点 f_k 在攻击后特征点集 $\{f_k'\}$ 中的匹配点,定义两点距离为:

$$d(\bar{\nu}_k, \bar{\nu}_j') = \xi_1 \mid \bar{\delta}_k - \bar{\delta}_j \mid + \xi_2 \mid \bar{A}_k - \bar{A}_j' \mid + \xi_3 \mid \bar{S}_k - \bar{S}_j' \mid \qquad (8.11)$$

其中,k 的初始值为 0,$j = 1, 2, \cdots, \omega$,ω 表示特征点集 $\{f_k'\}$ 的个数,ξ_a 是一个自适应常数,表示各分量的权重。求出两点之间最小距离 $\min(d(\bar{\nu}_k, \bar{\nu}_j'))$,当 $\min(d(\bar{\nu}_k, \bar{\nu}_j'))$ 小于给定的阈值 ε 时,认为两点匹配,把这一匹配点对分别从原始特征点集 $\{f_k\}$ 和攻击后特征点集 $\{f_k'\}$ 中移到匹配点集 $\{Mh_i\}$;若大于阈值 ε,则无匹配点(文中 $\xi_1 = 1.24$,$\xi_2 = 0.96$,$\xi_3 = 1.17$,$\varepsilon = 0.055$)。

Step3. $k = k + 1$,重复 Step2,直到原始特征点集 $\{f_k\}$ 中的点全部处理完毕。

8.3 几何攻击的参数估计和校正

常见的几何攻击例如旋转、缩放、平移、长宽比改变等都可以用仿射变换 T 表示。坐标为 (x, y) 的点经过仿射变换 T 后变成 (x', y'),则:

$$\begin{pmatrix} x' \\ y' \end{pmatrix} = T \cdot \begin{pmatrix} x \\ y \end{pmatrix} = \begin{bmatrix} Z_x & 0 \\ 0 & Z_y \end{bmatrix} \begin{pmatrix} \cos(\theta) & \sin(\theta) \\ -\sin(\theta) & \cos(\theta) \end{pmatrix} \begin{pmatrix} x \\ y \end{pmatrix} + \begin{pmatrix} t_x \\ t_y \end{pmatrix} \qquad (8.12)$$

上述仿射变换 T 是围绕着坐标原点进行的,实际图像在几何攻击时不存在这样一个不变的坐标原点。通过 8.2.5 节获得攻击后的匹配点集 $\{Mh_i\}$,也就是原始特征点 (x_i, y_i) 和攻击后对应的特征点 (x_i', y_i'),假设仿射

变换 T 围绕点 (x_i, y_i) 进行（攻击后位置是 (x'_i, y'_i)），则对于匹配点对 (x_j, y_j)、(x'_j, y'_j) 有（$i,j=1,2,\cdots,\bar{\omega}, i \neq j, \bar{\omega}$ 是匹配对总数）：

$$\begin{bmatrix} x'_j \\ y'_j \\ 1 \end{bmatrix} = T \cdot \begin{bmatrix} x_j \\ y_j \\ 1 \end{bmatrix} = \begin{bmatrix} Z_x & 0 & 0 \\ 0 & Z_y & 0 \\ 0 & 0 & 1 \end{bmatrix} \cdot$$

$$\begin{bmatrix} \cos(\theta) & -\sin(\theta) & -x_i \cdot \cos(\theta) + y_i \cdot \sin(\theta) + x'_i \\ \sin(\theta) & \cos(\theta) & -x_i \cdot \sin(\theta) - y_i \cdot \sin(\theta) + y'_i \\ 0 & 0 & 1 \end{bmatrix} \begin{bmatrix} x_j \\ y_j \\ 1 \end{bmatrix} + \begin{bmatrix} t_x \\ t_y \\ 1 \end{bmatrix}$$

$$(8.13)$$

同样对于匹配点对 (x_i, y_i)、(x'_i, y'_i) 也有：

$$\begin{bmatrix} x'_i \\ y'_i \\ 1 \end{bmatrix} = \begin{bmatrix} Z_x & 0 & 0 \\ 0 & Z_y & 0 \\ 0 & 0 & 1 \end{bmatrix} \cdot$$

$$\begin{bmatrix} \cos(\theta) & -\sin(\theta) & -x_i \cdot \cos(\theta) + y_i \cdot \sin(\theta) + x'_i \\ \sin(\theta) & \cos(\theta) & -x_i \cdot \sin(\theta) - y_i \cdot \sin(\theta) + y'_i \\ 0 & 0 & 1 \end{bmatrix} \begin{bmatrix} x_i \\ y_i \\ 1 \end{bmatrix} + \begin{bmatrix} t_x \\ t_y \\ 1 \end{bmatrix}$$

$$(8.14)$$

两式相减再化简得：

$$\begin{bmatrix} x'_j - x'_i \\ y'_j - y'_i \end{bmatrix} = \begin{bmatrix} Z_x & 0 \\ 0 & Z_y \end{bmatrix} \cdot \begin{pmatrix} \cos(\theta) & \sin(\theta) \\ -\sin(\theta) & \cos(\theta) \end{pmatrix} \begin{bmatrix} x_j - x_i \\ y_j - y_i \end{bmatrix} \qquad (8.15)$$

转化得：

$$Z_x = [\cos(\theta) \cdot (x_j - x_i) + \sin(\theta) \cdot (y_j - y_i)] / (x'_j - x'_i) \qquad (8.16)$$

$$Z_y = [-\sin(\theta) \cdot (x_j - x_i) + \cos(\theta) \cdot (y_j - y_i)] / (y'_j - y'_i) \qquad (8.17)$$

其中，Z_x 是水平缩放因子，Z_y 是垂直缩放因子，θ 是旋转角度，t_x 是水平平移因子，t_y 是垂直平移因子。

几何攻击恢复的具体过程如下。

Step1. 在匹配点集 $\{Mh_i\}$ 中选取 $i=1$ 点作为形变中心，旋转系数 ψ（初始为0），随着 $j=1,2,\cdots,\bar{\omega}, i \neq j$ 变化时，取得一系列对应的缩放因子 Z_{xij}、Z_{yij}。

Step2. 比较所得的 Z_{xij} 和 Z_{yij}。当 Z_{xij} 中相等的个数大于 $\bar{\omega}/2$ 且 Z_{yij} 中相等的个数也大于 $\bar{\omega}/2$ 时，获得旋转因子 $\theta = \psi$，Z_{xij} 中相等的个数大于 $\bar{\omega}/2$ 的系数即为水平方向缩放因子 Z_x，Z_{yij} 中相等的个数大于 $\bar{\omega}/2$ 的系数为垂直

方向缩放因子 Z_y，转到 Step4；否则执行 Step3。

Step3. $\psi=\psi+1$，重复 Step1 和 Step2，当 $\psi=360$ 时，算法结束。

Step4. 求出缩放和旋转因子后，就很容易求出平移因子 t_x,t_y。

求出仿射变化 T 后，对其进行逆变换，实现对几何形变的图像矫正，恢复水印的同步性。

8.4　水印嵌入

图像在经过小波变换后能量主要集中在低频逼近子带部分，把水印嵌入到该子带中将具有很好的鲁棒性，但透明性较差；高频子带则正好相反。为了确保既要有较好的鲁棒性又有好的透明性，本章选择在图像小波变换低频带中的纹理子带上，假设对图像做 N 层小波分解，即在 HL_N、LH_N 和 HH_N 子带中嵌入水印。

图像空间域的一个图像块对应于小波变换域中的几个分块，可由一棵四叉树表示其位置关系，根据它们所在的方向可分成水平、垂直和对角子树，总称为小波子树。各小波子树的树根在低频纹理子带，即水平子树的树根在 HL_N 子带，垂直子树的树根在 LH_N 子带，对角子树的树根在 HH_N 子带；对应于相同方向，同一空间位置的不同尺度的小波系数是它的孩子，如图 8.1 所示（做三层小波分解为例）。三个低频纹理子带都对应着空间域的同一区域，如果都嵌入水印，则会引起噪声的叠加，所以只能选择其中一个位置嵌入水印。在小波域中，各方向子树的能量大小表示其对应的图像块在水平、垂直和对角方向的纹理性，能量越大，纹理越强。根据人眼对纹理的掩蔽特性，文中选择在能量最大的小波子树所对应的低频纹理子带中嵌入水印。水印嵌入的具体过程如下。

Step1. 生成水印序列 W。利用密钥 Key 产生一个服从于均值为 0，方差为 1 的高斯分布二值伪随机实数序列，取值为 $\{1,-1\}$，与小波低频子带等大。

Step2. 生成水印序列 W。利用密钥 K 产生一个二值伪随机实数序列，服从于均值为 0，方差为 1 的高斯分布，取值为 $\{1,-1\}$，与小波低频子带等大。

Step3. 小波分解。对大小为 $M\times M$ 的图像 I 进行 N 级小波分解，形成一个金字塔结构的子带序列，按照空间分辨率由低到高的顺序，从顶层到底

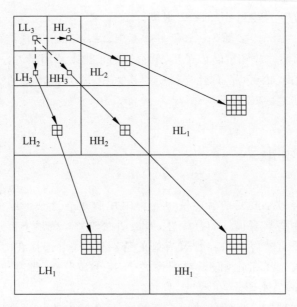

图 8.1　小波分解和小波树示意图

层的子带依次为 $LL_N, HL_N, HL_N, HH_N, HL_{N-1}, \cdots, HH_1$。

Step4. 选择嵌入位置。计算对应于同一图像块的各小波子树叶子结点的平均能量,把水印嵌入到能量最大子树所对应的根结点中。在统计小波子树能量时把根结点排除在外的原因是:该位置是用来嵌入水印的,当水印嵌入后,会改变嵌入点的值,从而会改变对应的小波子树的能量排列。

$$E_d(x, y) = \{e_d^{N-1}(x, y) + e_d^{N-2}(x, y) + \cdots + e_d^1(x, y)\}/(N-1) \quad (8.18)$$

$$e_d^n(x, y) = \frac{1}{2^{2\times(N-m)}} \sum_{i=1}^{2^{N-n}} \sum_{i=1}^{2^{N-n}} |Y_d^n(2^{N-n}x + i, 2^{N-n}y + j)| \quad (8.19)$$

其中,$d = \{1, 2, 3\}$,分别表示水平、垂直和对角方向。(x, y)为系数的带内坐标$(x, y \in 1\{1, \cdots, M/2^N\})$。$e_d^n(x, y)$表示 d 方向,带内坐标为(x, y)的根结点的小波子树在第 n 级叶子结点的平均能量。

Step5. 水印自适应嵌入。水印嵌入到由 Step4 确定的低频纹理子带中,水印按如下公式自适应嵌入:

$$Y_d'(x, y) = Y_d(x, y) + \alpha \cdot H_d(x, y) \cdot W(x, y) \quad (8.20)$$

其中:

(1) $Y_d'(x, y)$表示 d 方向低频纹理子带、带内坐标为(x, y)的被嵌入水印系数。

（2）α 表示水印嵌入强度，协调水印整体的透明性与鲁棒性。

（3）$H_d(x,y)$ 表示嵌入点的自适应调节参数。根据人的视觉特点，人眼对亮度、纹理和频率通常具有可屏蔽特性，即人眼对图像的中间亮度区域的畸变最敏感，且对亮度的敏感性随着亮度的增加或减少向两端呈抛物线状下降；同样背景的纹理越复杂，嵌入的水印可见性越低。此外，在变换域中，人眼对低频的变化要比高频敏感。根据上述特性，$H_d(x,y)$ 可定义如下：

$$H_d(x,y) = F_d(x,y) \cdot B_d(x,y)^{0.6} \cdot T_d(x,y)^{0.2} \tag{8.21}$$

其中，$F_d(x,y)$ 是频率掩蔽因子，实验中 $N=3$ 时，

$$F_d(x,y) = 5 \times \begin{cases} 0.16\sqrt{2} & d=3 \\ 0.16 & d=1,2 \end{cases} \tag{8.22}$$

$B_d(x,y)$ 是亮度掩蔽因子，逼近子带系数的大小表示了图像块的平均能量，值越大则图像块亮度值越高，越小则亮度值也越低。具体定义如下：

$$B_d(x,y) = 1 + \frac{|\,\mathrm{LL}(x,y) - \mathrm{mean}(\mathrm{LL})\,|}{\mathrm{mean}(\mathrm{LL})} \tag{8.23}$$

其中，$\mathrm{LL}(x,y)$ 为带内坐标，是 (x,y) 的逼近子带系数值；$\mathrm{mean}(\mathrm{LL})$ 为低频逼近子带系数平均值。

$T_d(x,y)$ 是纹理掩蔽因子：

$$T_d(x,y) = E_d(x,y) \tag{8.24}$$

Step6. 将嵌入水印后的图像做 DWT 逆变换，得到含水印的图像。

Step7. 提取原始特征点模板。按 8.2.4 节所示方法在含水印的图像中提取原始特征点集 $\{f_k\}$ 和特征矢量集 $\{\vec{v}_k\}$。

8.5 水印检测

水印检测总体上是嵌入的逆过程，无需原始图像，具体过程如下。

Step1. 对待检测图像 I' 用 8.2.5 节方法提取特征点集 $\{f'_k\}$ 和特征矢量集 $\{\vec{v}'_k\}$，对应原始特征点集 $\{f_k\}$ 和原始特征矢量集 $\{\vec{v}_k\}$，按 8.3 节的方法恢复几何形变，实现水印的重同步。

Step2. 进行与水印嵌入阶段相同的 DWT 变换。

Step3. 同嵌入水印步骤中的 Step3，获取每一位水印嵌入的位置。

Step4. 检测待检测方向子带与水印 W 的相关性：

$$\rho = \frac{2^{2N}}{M^2} \sum_{x=1}^{M/2^N} \sum_{y=1}^{M/2^N} \{Y'_d(x,y)W(x,y)/[\alpha H_d(x,y)]\} \tag{8.25}$$

选取一合适的阈值 τ，水印存在与否的判定标准为：若 $\rho > \tau$，则判定被检测图像中有水印的存在；否则水印不存在。判断阈值可以根据 Neyman-Pearson Criterion 求得，定义如下：

$$\tau = 3.97\sqrt{2\sigma^2}/\alpha \tag{8.26}$$

其中：

$$\sigma^2 = \frac{2^{2N}}{M^2} \sum_{x=1}^{M/2^N} \sum_{y=1}^{M/2^N} Y'_d(x,y)^2 \tag{8.27}$$

8.6 实验结果

为了验证本章水印算法的有效性，对一些灰度标准图像做了仿真实验。这里给出了对 $512 \times 512 \times 8b$ 的标准灰度图像 Lena、Baboon 和 Peppers 的测试结果。仿真实验中，对图像做 $N=3$ 的 DWT 变换。图 8.2 为原始载体图像。图 8.3 给出了水印嵌入强度 $\alpha=12$ 时，图像 Lena、Baboon 和 Peppers 的实验结果。图 8.4 给出检测时从含水印图像中提取的特征点。图 8.5 为原始图像和水印图像之差的绝对值放大 50 倍后的图像。实验结果表明，算法能够根据被嵌入水印图像的内容，自适应地调整水印嵌入强度，隐蔽效果较好，人眼感觉不到嵌入水印的图像与原始图像的差异，有很好的透明性。并且检测时能够完全准确地检测出水印和特征点。

(a) 原始Lena图像   (b) 原始Baboon图像   (c) 原始Peppers图像

图 8.2 原始载体图像

(a)Lena(PSNR=46.04dB)　　(b)Baboon(PSNR=42.04dB)　　(c) Peppers(PSNR=45.51dB)

图 8.3　水印嵌入结果

 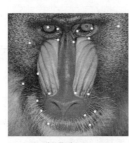 

(a) Lena　　　　　　　(b) Baboon　　　　　　　(c) Peppers

图 8.4　从含水印的图像中提取特征点$(\omega'=20)$

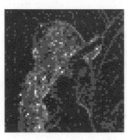  

(a) Lena　　　　　　　(b) Baboon　　　　　　　(c) Peppers

图 8.5　差值图像

　　随机产生 1000 个取值为 1 和 -1 的二值序列，$n=500$ 时为嵌入真实嵌入水印。图 8.6 为表示水印检测器对这 1000 条待检测水印的响应输出(对 Lena 图像)，其中检测器对正确水印序列的输出 $\rho(500)=1.02$，大于阈值 τ (其值为 0.26)，并且对于不正确水印序列的输出都小于阈值。

　　常见的几何攻击包括旋转、缩放、平移、行列移除等，我们对含水印图像 Lena 进行上述各种攻击之外，还进行了几种组合攻击，并与胡玉平等[8]方法

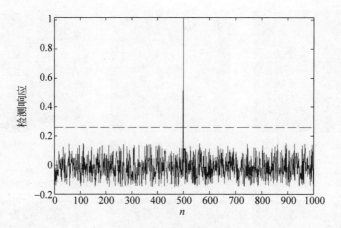

图 8.6　水印可检测性验证结果

在抗几何变换的水印鲁棒性能进行比较。图 8.7 为水印图像受到旋转并剪切成同样大小的攻击后,两种方法的真实水印检测响应值与旋转角度的关系。图 8.8 为水印图像受到尺度缩放攻击后,两种方法真实检测响应值与缩放因子的关系。图 8.9 为水印图像受到 x 方向平移的攻击后,两种方法的真实水印检测响应相关值与平移像素的关系。实验结果证实,本章所提出的水印方案对常规图像处理和几何变换攻击均具有较强的鲁棒性,并且本章水印算法还对不等比例缩放等不规则几何变换和一些组合几何变换也具有一定的鲁棒性(文献[8]方法对这样的攻击检测失败)。表 8.1 给出了部分几何攻击的实验结果。

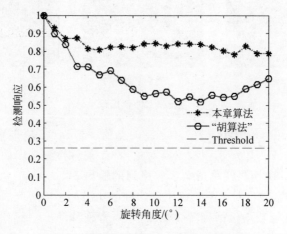

图 8.7　图像受到旋转攻击后的检测响应

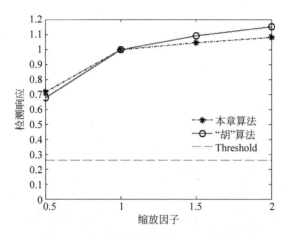

图 8.8　图像受到缩放攻击后的检测响应

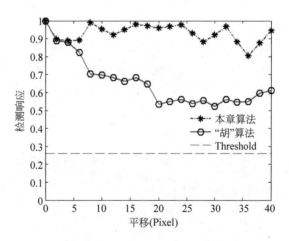

图 8.9　图像受到平移攻击后的检测响应

表 8.1　水印抗常规图像处理攻击后的检测响应表

攻 击 方 式	检 测 响 应	
	本 章 算 法	"胡"算法
缩放 $x=0.8, y=1.2$	0.85	失败
缩放 $x=1.2, y=0.6$	0.77	失败
缩放 $x=0.6, y=0.8$	0.78	失败

续表

攻 击 方 式	检 测 响 应	
	本 章 算 法	"胡"算法
缩放 $x=1.2, y=1.6$	0.89	失败
缩放 $x=2.0, y=0.8$	0.83	失败
缩放 0.6＋旋转 30°	0.57	失败
缩放 0.8＋旋转 10°	0.70	失败
缩放 1.2＋旋转 15°	0.79	失败
缩放 1.5＋旋转 45°	0.75	失败
缩放 $x=0.8, y=0.6$＋旋转 10°	0.61	失败
缩放 $x=1.2, y=0.8$＋旋转 20°	0.78	失败
随机移除 20 行 20 列	0.96	失败
随机移除 20 行 40 列	0.94	失败

　　对含水印图像进行高斯低通滤波、高斯噪声、椒盐噪声、中值滤波、剪切和 JPEG 压缩等常见的图像处理攻击,图 8.10 给出了图像抗 JPEG 压缩的鲁棒性能,表 8.2 给出了部分测试结果。结果表明,算法对常见图像处理攻击具有很高的鲁棒性,且嵌入算法具有很好的自适应性,对于纹理越强的图像,嵌入强度也越大,鲁棒性能也越好。

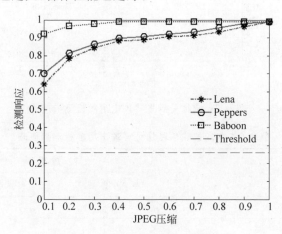

图 8.10　JPEG 压缩后的检测响应

表 8.2 水印抗常规图像处理攻击后的检测响应表

攻击方式	检测响应		
	Lean	Baboon	Peppers
高斯噪声	0.965	0.958	0.963
椒盐噪声	0.978	0.934	0.957
低通滤波	0.716	0.725	0.719
中值滤波	0.890	0.907	0.902
剪切(保留中心 50%)	0.715	0.689	0.709

8.7 讨论

本章提出的基于特征点模板检测的 DWT 变换域水印算法具有以下特点。

(1) 在嵌入位置的选择上很好地协调了鲁棒性与透明性之间的矛盾。根据小波变换空间各子带呈树形结构的特性,选择一棵小波树中纹理方向最强的小波子树的树根作为水印嵌入点。一方面,保证水印嵌入到图像的重要位置,且又符合人眼的掩蔽特性——水印嵌入到纹理方向,这使水印具有较好的鲁棒性;另一方面,避免了对逼近子带的修改,又确保了水印的透明性。

(2) 水印嵌入强度根据嵌入位置的内容自适应。在嵌入时,按照嵌入系数在逼近子带对应系数的能量和其高频叶子结点的纹理性自适应地调整水印嵌入强度。

(3) 用 Harris-Laplace 算子提取特征点和特征尺度,充分结合了 Harris 算子提取的特征点鲁棒性高和 LOG 在尺度空间易取得极值的特性,在确保特征点高鲁棒的前提下,大大地减少了运算时间;并且特征区域随着图像的变化而变化,能够抵抗旋转、平移等几何攻击,且对不等比例缩放攻击同样具有很好的鲁棒性。

(4) 图像校正只需要对特征点模板矩阵的一个简单的线性变换和搜索,计算简单。

小结

本章提出了一种基于特征点模板检测的 DWT 变换域水印算法,算法以特征点作为模板,有效抵抗几何攻击的图像水印算法。仿真实验结果表明,本章算法不仅具有很好的透明性,而且对常规信号处理和几何变换攻击均有较好的鲁棒性。

参考文献

1. Santa A,Guido A,Daniela P,Luigia P. An Image Adaptive,Wavelet-Based Watermarking of Digital Images［J］. Journal of Computational and Applied Mathematics.2007,210(1-2):13-21.

2. 陈晨,成礼智.基于奇异值的 DWT 域公开零水印技术[J].通信学报,2006,27(11A):81-84.

3. 刘彤,裘正定.小波域自适应图像水印算法研究[J].计算机学报,2002,25(11):1195-1199.

4. 陈青苏,祥芳,王延平.采用小波变换的鲁棒隐形水印算法[J].通信学报,2001,22(7):42-45.

5. Zhang Li,Qian Gong-Bin,Xiao Wei-Wei. Geometric Distortions Invariant Blind Second Generation Watermarking Technique Based on Tchebichef Moment of Original Image [J]. Journal of software,2007,18(9):2283-2294.

6. 康显桂,黄继武,等.抗仿射变换的扩频图像水印算法[J].电子学报,2004,32(1):7-12.

7. Zhang Li,Sam Kwong,Gang Wei. Geometric Moment in Image Watermarking[C]. Proceedings of the 2003 International Symposium on Circuits and Systems,2003,2:25-28.

8. 胡玉平,韩德志,羊四清.抗几何变换的小波域自适应图像水印算法[J].系统仿真学报,2005,17(10):2470-2475.

9. 张仁昌,耿国华.基于奇异值分解和小波变换的抗几何失真数字水印新方法[J].计算机应用与软件,2007,24(7):33-35.

10. Wang Xiang-Yang,Wu Jun,Niu PanpPan. A New Digital Image Watermarking Algorithm Resilient to Desynchronization Attacks［J］. IEEE Transactions on Information Forensics and Security,2007,2(4):655-663.

11. Bas P, Chassery J M, Macq B. Geometrically Invariant Watermarking Using Feature Points [J]. IEEE Transactions on Signal Processing, 2002, 11(9): 1014-1028.

12. Lee Hae-Yeoun, et al. Evaluation of Feature Extraction Techniques for Robust Watermarking[J]. Lecture Notes in Computer Science, Germany: Springer, 2005, 3710: 418-431.

13. Mikolajczyk K, Schmid C. Scale & Affine Invariant Interest Point Detectors[J]. International Journal of Computer Vision, 2004, 60(1): 63-86.

第 **9** 章　基于自适应特征区域的图像水印算法

9.1　引言

如何有效解决同步问题仍是数字图像水印领域中一项悬而未决的课题。所谓去同步攻击，并非指该种攻击能够从含水印对象中去除水印，而是指其能够破坏数字水印分量的同步（即改变水印嵌入位置），从而导致检测器找不到有效水印。它包括全局仿射变换（RST）、局部随机弯曲（RBA）、行列去除、剪切（本章所指的剪切将改变水印嵌入位置）等多种形式。针对目前人们所采用的三种盲同步策略，即利用几何不变量，隐藏模板和利用原始图像的重要特征。其中，前两种方法只对全局几何形变有效，尚无法有效抵抗 RBA 和大面积剪切等较为复杂的去同步攻击。相比之下，基于图像特征的水印方案"即第二代数字水印"具有更好的鲁棒性能。Kutter 等[1]首先利用 Mexican Hat 小波来提取图像特征点，然后以特征点为中心对图像进行 Voronoi 分割，在分割后的局部特征区域内分别嵌入水印。Bas[2]等先利用 Harris 算子提取图像特征点，再根据特征点对图像做 DT（Delaunay Tessellation）分割，然后在每个三角网格内完成水印的嵌入。文献[3]和[4]首先利用 Canny 算子进行边缘提取，再从边缘图像中检测"角点"（corner）并作为图像特征点，然后以特征点为中心划分出一系列矩形局部特征区域并在其小波域内独立地嵌入水印。文献[5]提出了一种结合图像特征提取与图像归一化的水印方案，其首先利用 Mexican Hat 小波尺度交互方法提取特征点，然后以特征点为圆心构造圆形局部特征区域，最后对局部特征区域做归一化处理并嵌入水印。

然而,理论分析和实验结果表明,现有基于图像重要特征的数字水印方案还很不成熟,普遍存在如下问题:①所提取的图像特征点不仅稳定性差,而且分布极不均匀,严重影响了数字水印对常规信号处理及去同步攻击的抵抗能力;②未能结合图像内容自适应确定局部特征区域尺寸,大大降低了系统抵抗旋转、缩放等攻击的能力。鉴于此,本章以多尺度空间理论为基础,提出了一种可有效抵抗去同步攻击数字图像水印新方案。实验结果表明,该方案不仅具有较好的透明性,而且对常规信号处理和去同步攻击均具有较好的鲁棒性。

9.2　基于尺度空间特征点的局部特征区域划分

9.2.1　自动尺度选择和尺度不变特征点

　　自动尺度选择的目的在于寻找可描述局部图像特征的特征尺度(characteristic scale)。特征尺度是指在特定的尺度搜索范围内,某函数极值点所对应的尺度,它反映了局部图像特征与操作算子间的最大相似程度。在特征尺度下所提取的图像特征点具有缩放不变性。本章采用 LOG (Laplacian-of-Gaussians)算子寻找特征尺度。LOG 算子的定义如下:

$$\text{LOG}(x,y,\delta_I) = \delta_I^2 \left| \frac{\partial^2 G(x,y,\delta_I)}{\partial x^2} + \frac{\partial^2 G(x,y,\delta_I)}{\partial y^2} \right| * I \qquad (9.1)$$

下面给出 Harris-Laplace 算子的具体工作过程。

　　首先,给定尺度空间 $\delta_I^{(n)} = 1.4^n \cdot \delta_0$, $\delta_D^{(n)} = 0.7 \cdot \delta_I^{(n)}$ ($n = 1, 2, \cdots, 15$)和阈值 $t_u = 1000$,利用尺度自适应 Harris 算子计算图形的候选特征点(其中 δ_0 表示初始尺度,本章选取为 1.2)。

　　然后,对于每个候选特征点,采用迭代法确定最终的图像特征点和特征尺度。具体步骤如下。

　　Step1. 设 p_k 为候选图像特征点,检验 LOG 算子在该点处是否能在整个尺度搜索范围内获得局部极值,如果不能获得极值,则舍弃该点。尺度搜索范围限定为 $\delta_I^{(k+1)} = t \cdot \delta_I^{(k)}$,其中 $t = 0.7, \cdots, 1.4$。

　　Step2. 对于 LOG 算子能获得极值的图像特征点 p_k,在该点的临域内搜索特征强度最大的特征点 p_{k+1},若 p_{k+1} 存在则舍弃 p_k。

Step3. 重复步骤 Step1 和 Step2,直到 $\delta_I^{(k+1)} = \delta_I^{(k)}$ 或 $p_{k+1} = p_k$ 为止。

9.2.2　局部特征区域的自适应划分

所谓局部特征区域,就是指以图像特征点为中心,从载体图像中划分出的一系列子图像(并以之作为数字水印的嵌入和检测区域)。该区域可以是矩形、三角形、圆形等任何形状,但考虑到旋转会对图像造成一定影响,本章选用圆形局部特征区域(以下简称圆片),其划分方法为:以特征点为圆心,并以特征点所对应的特征尺度的倍数为半径,从载体图像中自适应地划分出一系列圆片。该做法的理论依据是根据特征尺度与图像局部结构的协变特性(换言之,特征尺度的大小随图像尺寸的改变而不同)。即便图像发生了尺度缩放,特征尺度仍然能够准确地反映出这一变化,则圆片的尺寸也会相应改变。圆片半径 $\Re$ 具体定义为:$\Re = \tau \cdot [\delta]$。其中,$\delta$ 表示当前图像特征点的特征尺度;$[\cdot]$ 表示取整;τ 为自适应常数(正整数),用于调节圆片的大小。较小的圆片使水印更适合抵抗去同步攻击,但会限制水印的容量,反之亦然。因此 τ 的取值应折中两者间的关系。

最后,还要保证圆片彼此间相互独立。当两个区域发生重叠时,我们保留含有特征点数目较多的圆片,因为这样的区域属于纹理区,可以更好地满足数字水印的透明性。

9.3　基于特征点的图像水印算法

由数字图像水印系统的通信模型(将载体图像看成信道,数字水印看作被传输信息,而各种有意或无意攻击当作噪声干扰)知:当原始载体图像被划分成若干局部特征区域以后,所有局部特征区域均可当作是物理上分布而逻辑上统一的传输信道群。因此,在数字水印信息传输过程中,即使部分信道遭到破坏,其余信道仍可以保证水印信息的正常传输。基于上述思想,本章将采用冗余嵌入策略,即将同一数字水印重复地嵌入到所有的局部特征区域(LCR)内,检测时只要有两个以上的 LCR 可以成功检测到水印存在,便可认为水印存在于载体图像中。

9.3.1　数字水印的嵌入

水印嵌入过程(关键步骤)可描述如下。

Step1. 由密钥 Key 产生一个大小为 L 的双极性序列 $W=\{w_i,i=1,\cdots,L\}$并作为数字水印。

Step2. 利用 Harris-Laplace 算子从原始载体中提取出图像的特征点,设为集合 P,并根据特征点的位置生成一系列圆片,设为集合 O,P 与 O 元素个数可能不等。

Step3. 对每个圆片 $o_k\in O$ 四周"补0",得到一系列外接方形图像块,设为集合 T。这是因为本章将在 DFT 域内嵌入水印信息,而方形图像更易于实施 DFT。

Step4. 数字水印嵌入。对所有 $t_k\in T$ 做 DFT 变换(变换原点为子图像中心),并取其幅值 M_k。DFT 变换具有平移不变性(对幅值而言)、旋转性和缩放互反关系。由此不难看出:图像经平移、旋转和缩放后,其频谱系数的相对位置和幅值系数的相对大小保持不变。本章将利用 DFT 的这些性质,采纳幅值量化调制策略嵌入水印,具体操作如下。

首先,在 M_k 内选择半径 r_1 和 r_L 且满足 $r_1<r_L$,使 r_1 和 r_L 之间的环形区域覆盖其中频带。设$\{C(r_i),i=1,\cdots,L\}$是中频带内半径由小到大的同心圆族,且满足 $r_1\leqslant r_i\leqslant r_L$,其中 L 的大小取决于水印的长度。

然后,将上述环形区域划分成 8 个大小相等的扇形区,并在扇形区 E 内(见图 9.1)通过密钥 Key 产生一个伪随机点集$\{(x_i,y_i),i=1,\cdots,L\}$,这些点是水印的嵌入位置。

最后,对于点集中任意一点(x_i,y_i),选择点$(y_i,-x_i)$与其配对,它们与中心成 $90°$(见图 9.2)。每一个 $C(r_i)$ 上都有这样一组点对$((x_i,y_i),(y_i,-x_i))$,其中 $x_i^2+y_i^2=r_i^2$。对这些点对的幅值$(M(x_i,y_i),M(y_i,-x_i))$进行矢量量化,从而将水印 w_i 嵌入到 $C(r_i)$ 中。具体量化规则如下。

如果 $w_i=1$,则:

$$(M^*(x_i,y_i),M^*(y_i,-x_i))$$

$$=\begin{cases}\left(\left[\dfrac{M(x_i,y_i)}{M(y_i,-x_i)\cdot Q}\right]\cdot M(y_i,-x_i)\cdot Q,M(y_i,-x_i)\right),&\left[\dfrac{M(x_i,y_i)}{M(y_i,-x_i)\cdot Q}\right]\%2=1\\ \left(\left(\left[\dfrac{M(x_i,y_i)}{M(y_i,-x_i)\cdot Q}\right]+1\right)\cdot M(y_i,-x_i)\cdot Q,M(y_i,-x_i)\right),&\left[\dfrac{M(x_i,y_i)}{M(y_i,-x_i)\cdot Q}\right]\%2=0\end{cases}$$

$$(9.2)$$

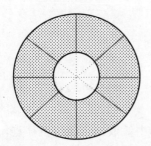

图 9.1　DFT 域中频带的划分

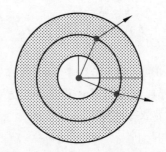

图 9.2　同心圆上的点对(与中心成 90°)

如果 $w_i = -1$,则:

$$(M^*(x_i, y_i), M^*(y_i, -x_i))$$

$$= \begin{cases} \left(\left(\left[\dfrac{M(x_i, y_i)}{M(y_i, -x_i) \cdot Q} \right] \cdot M(y_i, -x_i) \cdot Q, M(y_i, -x_i) \right), \left[\dfrac{M(x_i, y_i)}{M(y_i, -x_i) \cdot Q} \right] \% 2 = 0 \right. \\ \left(\left(\left(\left[\dfrac{M(x_i, y_i)}{M(y_i, -x_i) \cdot Q} \right] + 1 \right) \cdot M(y_i, -x_i) \cdot Q, \quad M(y_i, -x_i) \right), \left[\dfrac{M(x_i, y_i)}{M(y_i, -x_i) \cdot Q} \right] \% 2 = 1 \right. \end{cases}$$

$$\tag{9.3}$$

其中,$(M^*(x_i, y_i), M^*(y_i, -x_i))$ 为 $(M(x_i, y_i), M(y_i, -x_i))$ 的量化修改值;Q 表示量化步长(一般小于 1)。

此外,为了保证修改结果的 IDFT 变换为实数,被修改点的中心对称点处的幅值也需进行相应修改。

Step5. 通过 IDFT 变换将嵌有数字水印的外接方形图像块恢复到空间域,得到 t_k^*,再经"去 0"操作后得到 o_k^*。最后以 o_k^* 替换 o_k。

重复该嵌入过程,直到所有圆片都按照上述过程处理完毕为止,即得到含水印图像 F^*。

9.3.2　数字水印的检测

Step1. 使用与嵌入过程相同的密钥 Key 产生原始水印序列 $W = \{w_i, i = 1, \cdots, L\}$。

Step2. 利用 Harris-Laplace 算子从待检测图像中提取图像特征点,设为集合 $\widetilde{P}$,并根据特征点的位置生成一系列圆片,设为集合 $\widetilde{O}$。一般说来,图像遭受各种攻击后重新划分得到的圆片集合与原先会有不同,但本章算法可以保证至少一部分圆片可以准确再现。

Step3. 对每一个圆片 $\tilde{o}_k \in \tilde{O}$ 四周"补 0",从而得到一系列外接方形子图像,设为集合 $\tilde{T}$。再对每一个 $\tilde{t}_k \in \tilde{T}$ 做中心化 DFT 变换并取幅值 $\tilde{M}$。

Step4. 由 DFT 性质知,图像经历几何变换后,其频域上的嵌入区域大小保持不变。故我们可以根据最初若干点的相对位置(即密钥 Key)在环形区域 $[r_1, r_L]$ 内选择一个与 E 大小相同的扇形区 E',并在其中按半径从小到大的顺序重新选择 L 个点 $(\tilde{x}_i, \tilde{y}_i)$。对于每一个同心圆 $C(r_i)$,按如下规则提取水印信息 $\tilde{w}_i$:

$$
\tilde{w}_i = \begin{cases} 1, & \left[\dfrac{\tilde{M}(\tilde{x}_i, \tilde{y}_i)}{\tilde{M}(\tilde{y}_i, -\tilde{x}_i) \cdot Q} + 0.5 \right] \% 2 = 1 \\[4mm] -1, & \left[\dfrac{\tilde{M}(\tilde{x}_i, \tilde{y}_i)}{\tilde{M}(\tilde{y}_i, -\tilde{x}_i) \cdot Q} + 0.5 \right] \% 2 = 0 \end{cases} \tag{9.4}
$$

其中,$\tilde{M}(\tilde{x}_i, \tilde{y}_i)$ 和 $\tilde{M}(\tilde{y}_i, -\tilde{x}_i)$ 分别为点 $(\tilde{x}_i, \tilde{y}_i)$ 和 $(\tilde{y}_i, -\tilde{x}_i)$ 点的幅值。

Step5. 在数字水印检测过程中,经常会发生虚警错误。所谓虚警错误,就是指在未嵌入水印的图像中检测出水印。因此有必要对所提取出的水印与原始数字水印进行比较,当匹配的比特数大于某检测阈值时,才能认为待检测图像中存在水印。由于二元随机序列与原始水印之间每位匹配的概率为 0.5,故每个局部特征区域的虚警率为:

$$
P_{f\_local} = \sum_{r=T}^{L} (0.5)^L \cdot \left(\frac{L!}{r!(L-r)!} \right) \tag{9.5}
$$

其中,r 表示所提取的数字水印与原始数字水印间匹配的比特数;L 表示水印长度;T 表示检测阈值。此外,如果认为待检测图像中存在水印,则待检测图像中至少要有两个以上圆片检测到水印存在。依此规则,则待检测图像的虚警率为:

$$
P_{f\_global} = \sum_{i=2}^{m} (P_{f\_local})^i \cdot (1 - P_{f\_local})^{m-i} \cdot \begin{pmatrix} m \\ i \end{pmatrix} \tag{9.6}
$$

其中,m 表示待检测图像中圆片的个数。若虚警率 P_{f_glocal} 给定,则检测阈值 T 可以确定。当提取出的数字水印与原始水印之间相匹配的比特数 $r \geqslant T$ 时,认为局部特征区域中存在水印信息;否则,不存在。

9.4　实验结果

为了验证本章数字图像水印算法的高效性,以下分别给出了检测性能测试、抗攻击能力测试的实验结果,并与文献[5]算法进行了对比。实验中,所选用的原始载体分别为 $512 \times 512 \times 8b$ 标准灰度图像 Lena、Mandrill 和 Pepper,数字水印采用了 32b 的二元随机序列(文献[74]算法使用了 16b 的二元随机序列)。另外,自适应常数选取为 $\tau = 9$,水印嵌入强度选取为 $Q = 0.6$,检测阈值选取为 $T = 24$(此时,虚警率 $P_{f\_global} \approx 5 \times 10^{-4}$)。

9.4.1　检测性能测试

图 9.3 给出了含有水印的标准图像 Lena、Mandrill 和 Pepper(利用本章算法)。图 9.4 为原始图像与含水印图像的差值图像,其中"非 0"的部分表示嵌有水印的圆片,在含水印图像 Lena、Mandrill 和 Pepper 中,其嵌入水印的圆片数目分别为 6、12 和 8。图 9.5 给出了未受攻击的含水印图像 Lena、Mandrill 和 Pepper 的检测结果,其中成功检测到数字水印的圆片数目分别为 6、11 和 8(注:"白点"标识之处表示已成功检测到水印的圆片)。表 9.1 给出了两种图像水印方案的透明性比较。

(a) 含水印的Lena　　　　(b) 含水印的Mandrill　　　　(c) 含水印的Pepper

图 9.3　数字水印的嵌入效果

表 9.1　含水印图像与原始载体间的峰值信噪比　　(单位: dB)

	本章算法	文献[5]算法
Lena	55.66	49.42
Mandrill	50.34	45.70
Pepper	50.03	56.60

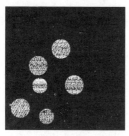 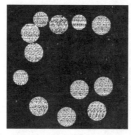 

(a) 图9.3(a)的差值图像　　　(b) 图9.3(b)的差值图像　　　(c) 图9.3(c)的差值图像

图 9.4　原始图像与含水印图像的差值图像

(a) 图9.3(a)的检测结果　　　(b) 图9.3(b)的检测结果　　　(c) 图9.3(c)的检测结果

图 9.5　数字水印的检测结果

9.4.2　抗攻击能力测试

为了检测本章算法的抗攻击性能,仿真实验分别对本章算法和文献[5]算法的含水印图像进行了一系列攻击(包括常规信号处理和去同步攻击)。现将攻击手段罗列如下。

- JPEG 压缩:一般 JPEG 压缩的品质因子默认值为 75,实验中对水印图像分别进行品质因子为 70、50 和 30 的 JPEG 压缩攻击,检测效果良好。

- 噪声叠加:我们对含有水印的图像分别添加均值为 0,方差为 0.05 的"高斯白噪声"和噪声浓度为 0.03 的"椒盐噪声",仿真结果表明本章算法对这两种噪声有一定的抵抗能力。

- 图像处理:对含有水印的图像分别进行 3×3 中值滤波和 3×3 锐化,检测结果良好。

- 行列去除:我们从含有水印的图像中移去 8 行、16 列像素,从表 9.3

的检测结果可以看出本章算法只受到轻微的干扰,说明本章算法对该攻击具有很强的鲁棒性。

- 剪切:我们对含有水印的图像做中心裁剪,当水印图像只剩下原先的55%的时候,仍然可以检测到水印的存在。
- 旋转:对含有水印的图像做一系列不同角度的旋转,当旋转到30°时检测结果依然良好,说明本章算法对该攻击是鲁棒的。
- 缩放:我们对含有水印的图像做一系列不同尺度的缩放攻击(0.8～1.2),经实验发现本章算法对该攻击有一定的鲁棒性。
- 平移:对含有水印的图像做水平和垂直方向均为10像素的平移攻击,由表9.3的仿真结果可看出本章算法几乎不受该攻击的影响。
- 局部弯曲:我们对含有水印的图像做随机的局部弯曲,实验结果证明本章算法对该攻击也是鲁棒的。

此外,我们还对水印图像进行了几种攻击的组合,检测结果均良好。图9.6给出了部分实验结果。表9.2和表9.3给出了本章算法和文献[5]算法的鲁棒性能对比(其中,分子表示从攻击后的含水印图像中成功检测到水印的圆片数目,分母表示载体图像中嵌有水印的圆片数目)。由实验结果可以看出,本章算法在所有攻击中只有两个特例(Mandrill 对椒盐噪声和Pepper 对 RST 联合攻击),其余检测结果均成功,而文献[5]算法有三分之一以上的结果是失败的,说明本章算法在鲁棒性方面有一定程度的改善(特别是对行列移除、缩放、旋转和剪切等几种攻击而言)。

表 9.2　数字水印对常规信号处理的抵抗能力(重构率)

攻 击 方 式		Lena		Mandrill		Pepper	
		本章算法	文献[5]算法	本章算法	文献[5]算法	本章算法	文献[5]算法
中值滤波(3×3)		3/6	1/8	7/12	2/11	4/8	1/4
锐化(3×3)		3/6	4/8	6/12	4/11	5/8	4/4
叠加高斯噪声		2/6	5/8	4/12	6/11	4/8	3/4
JPEG 压缩	70	4/6	7/8	9/12	11/11	7/8	3/4
	50	4/6	5/8	8/12	7/11	4/8	3/4
	30	2/6	2/8	8/12	4/11	4/8	0/4
中值滤波(3×3)+JPEG90		3/6	1/8	7/12	1/11	4/8	1/4
锐化(3×3)+JPEG90		3/6	4/8	6/12	2/11	6/8	4/4

注:表中分子表示从攻击后含水印图像中成功检测到数字水印的局部特征区域数目,而分母表示载体图像中嵌有水印的局部特征区域数目,以下同。

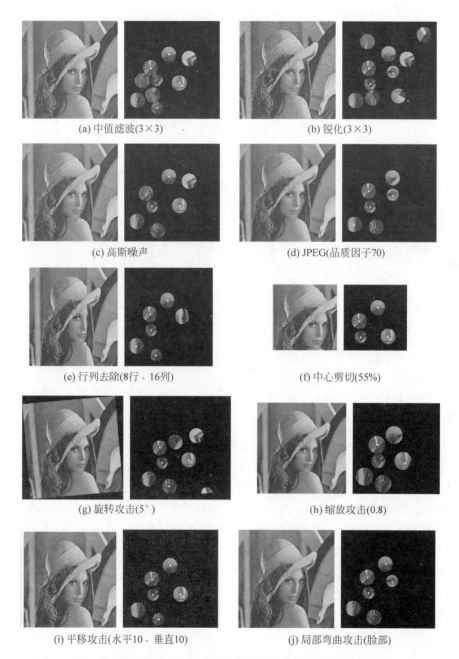

(a) 中值滤波(3×3)

(b) 锐化(3×3)

(c) 高斯噪声

(d) JPEG(品质因子70)

(e) 行列去除(8行、16列)

(f) 中心剪切(55%)

(g) 旋转攻击(5°)

(h) 缩放攻击(0.8)

(i) 平移攻击(水平10、垂直10)

(j) 局部弯曲攻击(脸部)

图 9.6 基于特征点的图像水印算法抵抗各种攻击的实验结果

表 9.3　数字水印对去同步攻击的抵抗能力（重构率）

攻击方式		Lena		Mandrill		Pepper	
		本章算法	文献[5]算法	本章算法	文献[5]算法	本章算法	文献[5]算法
去除 8 行 16 列		5/6	1/8	7/12	2/11	6/8	0/4
中心剪切(55%)		4/6	1/8	6/12	2/11	6/8	0/4
旋转	5°	4/6	3/8	5/12	3/11	5/8	1/4
	15°	3/6	1/8	4/12	2/11	4/8	0/4
	30°	2/6	0/8	4/12	0/11	2/8	0/4
平移(水平 10,垂直 10)		5/6	2/8	10/12	8/11	5/8	1/4
缩放	0.6	1/6	1/8	2/12	1/11	3/8	1/4
	0.9	3/6	1/8	5/12	4/11	3/8	2/4
	1.4	1/6	1/8	1/12	1/11	2/8	0/4
局部弯曲		3/6	4/8	7/12	5/11	6/8	1/4
中心裁掉 10%+JPEG70		2/6	3/8	5/12	2/11	4/8	2/4
旋转 5°+缩放 0.9		3/6	0/4	5/12	1/11	5/8	0/4
平移(水平 10,垂直 10)+旋转 5°+缩放 0.9		2/6	0/8	3/12	2/11	1/8	0/4

小结

　　本章提出了一种可有效抵抗去同步攻击的图像水印算法。该算法首先利用 Harris-Laplace 算子从载体图像中提取尺度空间特征点；再结合特征尺度自适应确定局部特征区域；最后,采纳 DFT 中频幅值量化策略将数字水印重复嵌入到多个不相交的局部特征区域中。水印检测时,利用图像的特征点实现水印的重同步,无须求助于原始图像。仿真实验结果表明,本章算法不仅具有较好的透明性,而且对常规信号处理(中值滤波、边缘锐化、叠加噪声和 JPEG 压缩等)和去同步攻击(旋转、平移、缩放、行列去除、剪切和局部随机弯曲等)均具有较好的鲁棒性。

参考文献

1. M Kutter,S K Bhattacharjee,T,Ebrehimi. Toward second generation watermarking schemes. In Proc. IEEE Int. Conf. Image Process'99,Kobe,Japan,1999,1：320-323.

2. P Bas，J M Chassery，B Macq. Geometrically invariant watermarking using feature points [J]. IEEE Transactions on Signal Processing，2002，11(9)：1014-1028.

3. 华先胜，石青云. 局部化数字水印算法. 中国图象图形学报，2001，6(7)：642～647.

4. 王贤敏，关泽群，吴沉寒. 基于图像内容的局部化自适应数字水印算法. 计算机辅助设计与图形学学报，2004，16(4)：465～469.

5. C W Tang，H M Hang. A feature-based robust digital image watermarking scheme. IEEE Transactions on Signal Processing，2003，51(4)：950-958.

第 **10** 章　基于仿射不变特征点的抗几何攻击水印算法

10.1　引言

近年来,数字水印技术研究取得了很大进展,但抗几何攻击强鲁棒图像水印方法研究仍是水印算法的研究难点。常见的几何攻击包括全局几何攻击、局部失真、几何变换组合等多种形式。目前,已提出可以抵抗几何攻击的水印方案主要分为三类:第一类是把水印嵌入到仿射不变子空间,比较常见的是基于 DFT 变换[1,2]、Fourier-Mellin 变换[3,4]和图像归一化等[5,6]。第二类是基于模板的水印技术[7,8],利用图像中隐藏的模板恢复水印的同步性。第三类方案是利用图像的重要特征[8-11],利用特征点提取算法,从图像中提取出重要特征,并把水印重复地嵌入到特征点周围区域。其中,前两种方案可以抵抗常规的信号处理和全局几何攻击,但对抗局部失真、随机剪切、几何变换组合等攻击鲁棒性能不足。

相比之下,基于图像特征的数字水印方案具有较好的鲁棒性能。但决定此类水印方案的关键是提取出高鲁棒性的图像特征点。然而,现有大部分基于特征的数字图像水印方案在提取特征上存在如下问题:①特征点的提取基于固定形状(大多采用圆形或矩形),特征区域的选取不能自适应于图像的局部纹理与结构,且特征区域的选择不能协变于几何攻击,对不等比例缩放等攻击鲁棒性能差;②采用固定尺寸的局部特征区域,且未能对局部特征区域进行有效的不变域处理,其抵抗缩放等攻击的能力较差。

鉴于此,本算法以自适应于图像局部结构的仿射不变特征点理论为基础,提出了一种可以有效抵抗一般性几何攻击的强鲁棒第二代数字图像水印算法。算法首先用 Harris-Affine 算子从载体图像中提取出仿射不变特征点,并结合自适应于局部结构与纹理的特征尺度确定特征区域,再对提取出的特征区域做归一化处理;水印嵌入到特征区域的 DFT 变换域中。检测时,利用特征点实现水印的重同步,无须求助于原始图像。实验结果表明,该方法不仅具有很好的透明性,且对常规信号处理和常见几何攻击及组合几何攻击均具有很好的鲁棒性。

10.2　Harris-Affine 检测算子

仿射不变 Harris-Affine 检测算子是以仿射高斯尺度空间和仿射自相关矩阵为基础,对特征区域做归一化变换,并根据能否使特征区域局部结构的各向异性转化为各向同性而提取出稳定的图像特征点。

10.2.1　仿射高斯尺度空间

仿射高斯尺度空间定义为:

$$g(\Sigma) = \frac{1}{2\pi \sqrt{\det\Sigma}} \exp^{-\frac{X^T \Sigma^{-1} X}{2}} \tag{10.1}$$

其中,X 表示坐标(x,y);Σ 是一个 2×2 尺度矩阵,表示二维仿射高斯内核形状,定义如下:

$$\begin{aligned}
\Sigma &= R^T \cdot D \cdot R \\
&= \begin{bmatrix} \cos(\theta) & -\sin(\theta) \\ \sin(\theta) & \cos(\theta) \end{bmatrix} \begin{bmatrix} \sigma_x & 0 \\ 0 & \sigma_y \end{bmatrix} \begin{bmatrix} \cos(\theta) & \sin(\theta) \\ -\sin(\theta) & \cos(\theta) \end{bmatrix}
\end{aligned} \tag{10.2}$$

即仿射高斯内核是由 x,y 向各自独立的尺度大小与一个旋转角度 θ 构成的。当图像发生几何攻击后,通过自适应调整特征尺度 σ_x、σ_y 和角度 θ,使得仿射高斯尺度空间协变于图像的几何变换,从而使检测的特征点所对应的特征区域在图像变换前后保持一致,这也保证了提取的特征点对几何攻击的鲁棒性。

10.2.2　仿射自相关矩阵

自相关矩阵是描述点局部临域的梯度分布,常用于特征点的提取和图像局部结构的描述,为抵抗图像几何攻击,自相关矩阵必须具有尺度空间的表示,基于仿射空间的自相关矩阵 μ 可定义为:

$$\mu(X, \Sigma_I, \Sigma_D)$$
$$= \det(\Sigma_D)g(\Sigma_I) * ((\nabla L)(X, \Sigma_D)(\nabla L)(X, \Sigma_D)^{\mathrm{T}}) \qquad (10.3)$$

其中,Σ_I 和 Σ_D 分别是积分尺度矩阵和微分尺度矩阵;∇L 计算函数 L 在 X 方向上的导数。尺度空间表示是指同一幅图像不同尺度表示的集合,若 Σ_D 给定,则可定义图像的仿射高斯尺度空间表示:

$$L(X, \delta_D) = g(X, \Sigma_D) * I(X) \qquad (10.4)$$

利用仿射自相关矩阵 μ 可以对图像的几何攻击进行归一化处理,设点 X_L 通过一个几何变换 A 至 X_R,即 $X_R = AX_L$,具体归一化过程如下。

根据图像点 X_L 和 X_R 变换关系,可得:

$$\mu_L = A^{\mathrm{T}}\mu_R A \qquad (10.5)$$
$$\mu_R = A^{-\mathrm{T}}\mu_L A^{-1} \qquad (10.6)$$

此时,其微分和积分内核关系为:

$$\Sigma_R = A\Sigma_L A^{\mathrm{T}} \qquad (10.7)$$

设:

$$\Sigma_{I,L} = \sigma_I \mu_L^{-1} \qquad (10.8)$$
$$\Sigma_{D,L} = \sigma_D \mu_L^{-1} \qquad (10.9)$$

其中,σ_I 和 σ_D 分别表示积分和微分尺度。由此可得:

$$\Sigma_{I,R} = A\Sigma_{I,L}A^{\mathrm{T}} = \sigma_I(A\mu_L^{-1}A^{\mathrm{T}})$$
$$= \sigma_I(A^{-\mathrm{T}}\mu_L A^{-1})^{-1} = \sigma_I \mu_R^{-1} \qquad (10.10)$$
$$\Sigma_{D,R} = A\Sigma_{D,L}A^{\mathrm{T}} = \sigma_D(A\mu_L^{-1}A^{\mathrm{T}})$$
$$= \sigma_D(A^{-\mathrm{T}}\mu_L A^{-1})^{-1} = \sigma_D \mu_R^{-1} \qquad (10.11)$$

由假设式(10.8)和式(10.9)就能推出结论式(10.10)和式(10.11),由此仿射变换 A 可定义为:

$$A = \mu_R^{-1/2} R \mu_L^{1/2} \qquad (10.12)$$

则可得:

$$X_R = AX_L = (\mu_R^{-1/2} R \mu_L^{1/2})X_L \qquad (10.13)$$

即:

$$\mu_R^{1/2} X_R = R\mu_L^{1/2} X_L \qquad (10.14)$$

以点 X_L 和 X_R 为中心的局部图像区域经过变换后(设 $X_L' = \mu_L^{1/2} X_L$,$X_R' = \mu_R^{1/2} X_R$)被归一到一个只是发生了旋转变换的图像,如图 10.1 所示。

$$X'_R = RX'_L \qquad (10.15)$$

通过上述变换，就能把几何攻击前后的图像归一到一个只是旋转角度不同的同一图像区域。如果把水印嵌入到变换归一化后的图像中，就能保证图像发生几何攻击前后，水印所在的区域不变，从而也保证了嵌入水印对几何攻击的鲁棒性。

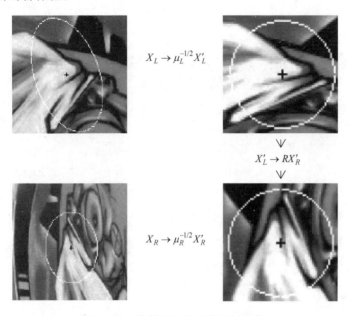

图 10.1　仿射自相关矩阵的归一化

10.3　特征点和特征区域的提取

Harris-Affine 检测算子提取仿射不变特征点（如图 10.2）就是基于上述归一化变换。为了进一步保证归一化后的准确性，采用一种迭代的自适应确定仿射自相关矩阵 μ，简称 U 变换，即：

$$U^{(k-1)} = (\mu^{-\frac{1}{2}})^{(k-1)} \cdots (\mu^{-\frac{1}{2}})^{(1)} U^{(0)} \qquad (10.16)$$

提取过程如下。

首先，用 Harris-Laplace 算子提取出候选特征点。然后，对于每个候选特征点，采用迭代法确定最终的仿射不变特征点和特征尺度，如图 10.2 所示。具体步骤如下（以特征点 $X^{(0)}$，对应特征尺度 $\sigma_I^{(0)}$、$\sigma_D^{(0)}$ 为例）。

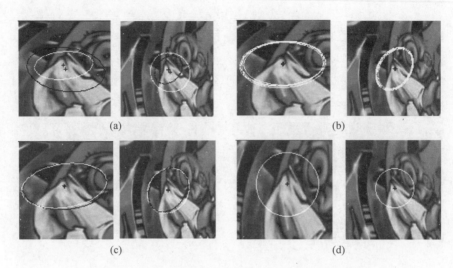

图 10.2　Harris-Affine 检测算子提取仿射不变特征点与特征区域

（a）首次 Harris-Affine 检测算子提取的特征点与特征区域（黑色）和 Harris-Laplace 检测算子提取的特征点和特征区域的映射；（b）2 次迭代 Harris-Affine 检测算子提取的特征点与特征区域；（c）Harris-Affine 检测算子最终收敛提取的特征点与特征区域（黑色）；（d）U 变换归一化处理后的特征区域

Step1. 初始化 $U^{(0)}$ 为一个 2×2 的单位矩阵。

Step2. 对以点 $X^{(k-1)}$ 为中心的局部区域进行 U 变换归一化处理，即 $U^{(k-1)} X_w^{(k-1)} = X^{(k-1)}$（首次 $k=1$）。

Step3. 选择积分尺度 $\sigma_I^{(k)}$，同 Harris-Laplace 检测一样，在空间 $\sigma_I^{(k)} = t\sigma_I^{(k-1)}, t \in [0.7, \cdots, 1.4]$ 使得 LOG 获得极值。

Step4. 微分尺度 $\sigma_D^{(k)} = s\sigma_I^{(k)}, s \in [0.5, \cdots, 0.75]$ 的计算，使得 $\lambda_{\min}(\mu) / \lambda_{\max}(\mu)$ 获得极大值，即

$$\sigma_D^{(k)} = \underset{\sigma_D = s\sigma_I^{(k)}}{\operatorname{argmax}} \frac{\lambda_{\min}(\mu(X_w^{(k-1)}, \sigma_I^k, \sigma_D))}{\lambda_{\max}(\mu(X_w^{(k-1)}, \sigma_I^k, \sigma_D))} \tag{10.17}$$

并计算此尺度下的 $\mu = \mu(X_w^{(k-1)}, \sigma_D, \sigma_I)$。

Step5. 以点 $X_w^{(k-1)}$ 为中心的 8×8 临域，计算其 Harris 角点强度，选择最大的强度位置作为 $X_w^{(k)}$ 的新坐标。并根据 $X_w^{(k)}$ 修正其在原始图像的坐标：

$$X^{(k)} = X^{k-1} + U^{k-1}(X_w^k - X_w^{k-1}) \tag{10.18}$$

Step6. 设 $\mu_i^{(k)} = \mu^{-1/2}(X_w^{(k)}, \sigma_I^{(k)}, \sigma_D^{(k)}) U^{(k-1)}$，则 $U^k = \mu_i^{(k)} U^{(k-1)}$，更新 U^k。

Step7. $k = k+1$，重复 Step2~Step6，直到满足下面的条件之一。如果满足条件 1，则此点是仿射不变特征点；满足条件 2 则舍弃该点（实验中 $\varepsilon_L = $

$0.05, \varepsilon_H = 6.0)$。

$$1 - \frac{\lambda_{\max}(\mu_i^{(k)})}{\lambda_{\min}(\mu_i^{(k)})} < \varepsilon_L \quad (条件1)$$

$$\frac{\lambda_{\max}(\mu_i^{(k)})}{\lambda_{\min}(\mu_i^{(k)})} > \varepsilon_H \quad (条件2)$$

10.4　局部特征区域的自适应划分

局部特征区域是指以图像特征点为中心,从载体图像中划分出的一个子图像,并以其作为数字水印的嵌入和检测区。该区域可以是矩形、三角形和圆形等任何形状,大小可以是固定或变化的。本章选用自适应于图像结构与纹理的局部椭圆特征区域(以下简称椭圆片),其划分方法为:以特征点为中心,以特征点所对应特征尺度的倍数为半径,从载体图像中自适应地划分出一系列椭圆片。具体定义如下:

$$\Re = \tau \cdot \mathrm{round}\left(\sum_I\right) \tag{10.19}$$

其中,$\Re$ 表示局部特征区域半径;σ 表示当前图像特征点的特征尺度;round(σ)表示对 σ 中数据四舍五入;τ 为自适应常数,用于调节 $\Re$ 的大小。较小的椭圆片使水印更适合抵抗去同步攻击,但会限制水印的容量,反之亦然。τ 的取值应折中两者间的关系。该做法的理论依据是根据特征尺度与图像局部结构的协变特性。当图像发生了几何变换,特征尺度能够准确地反映出这一变化,即椭圆片的变化自适应于几何变换。

最后,还要保证椭圆片彼此间相互独立。当两个区域发生重叠时,我们保留含有特征点数目较多的椭圆片,因为这样的区域属于纹理区,可以更好地满足数字水印的透明性。

10.5　水印嵌入

水印嵌入主要过程如下。

Step1. 水印的生成。由密钥 Key 生成一个大小为 L 的双极性序列 $W = \{w_i, i=1,\cdots,L\}$,并作为数字水印。

Step2. 仿射不变特征点提取。用 Harris-Affine 检测算子从原始载体图像 I 中提取出仿射不变特征点，并得到图像特征点集 $P=\{p_i,i=1,2,\cdots,n\}$。

Step3. 构造局部特征区域。以特征点为中心，利用局部仿射特征尺度来建构局部特征区域，从载体图像中划分出一系列椭圆形的仿射不变特征区域 $O=\{o_i,i=1,\cdots,m\}$，P 与 O 元素个数可能不等。

Step4. 局部特征区域 U 变换归一化处理。对椭圆片 o_i 进行对应的 U 变换，经过 U 变换后的椭圆片被归一化到圆形区域（数字水印嵌入区）。并将其四周补 0 以得到外接方形子图像。

Step5. 对 U 变换归一化后的图像进行 DFT 变换，得到中心化频谱 $F_k(k=1,\cdots,m)$，并取出其幅值谱 $M_k(k=1,\cdots,m)$ 和相位谱 $\phi_k(k=1,\cdots,m)$。

Step6. 数字水印嵌入。本章根据仿射不变特征点对应的特征椭圆区域在经过 U 变换后被归一到只是角度不同的图像区域特性嵌入水印。具体操作如下。

（1）在幅值谱 $M_k(k=1,\cdots,m)$ 选择半径 r_1 和 r_L 且满足 $r_1<r_L,r_1>\max(\sigma_x,\sigma_y)$。设 $\{C(r_i),i=1,\cdots,L\}$ 是半径由小到大的同心圆族，且满足 $r_1\leqslant r_i\leqslant r_L$，其中，$L$ 的大小取决于水印的长度。

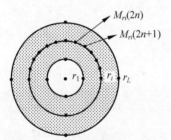

图 10.3　水印嵌入点对

（2）以同心圆为单位，每一同心圆上嵌入一位水印信息。假设 $C(r_i)$ 上有 m_i 个频谱系数，将它们分成 $m_i/2$ 个系数对 $M_{ri}(2n)$，$M_{ri}(2n+1)$，$n=1,\cdots,m_i/2$（如图 10.3 所示）。

（3）一般相邻两点的像素值相近，且对于同心圆相邻两点的系数，在经过平移、旋转和缩放等几何攻击后，其相对位置和系数的相对大小保持不变。所以，以同心圆相邻点的系数值为参考，水印通过量化策略嵌入。具体嵌入规则如下。

如果 $w_i=1$，则：

$$M'_{ri}(2n)$$

$$=\begin{cases} M_{ri}(2n+1)+\mathrm{round}\left[\dfrac{M_{ri}(2n)-M_{ri}(2n+1)}{Q}\right]Q & \mathrm{round}\left[\dfrac{M_{ri}(2n)-M_{ri}(2n+1)}{Q}\right]\%2=0 \\[3mm] M_{ri}(2n+1)+\mathrm{round}\left[\dfrac{M_{ri}(2n)-M_{ri}(2n+1)}{Q}+1\right]Q & \mathrm{round}\left[\dfrac{M_{ri}(2n)-M_{ri}(2n+1)}{Q}\right]\%2=1 \end{cases}$$

$$(10.20)$$

如果 $w_i = -1$，则：

$M'_{ri}(2n)$

$$
= \begin{cases} M_{ri}(2n+1) + \mathrm{round}\left[\dfrac{M_{ri}(2n) - M_{ri}(2n+1)}{Q} + 1\right]Q & \mathrm{round}\left[\dfrac{M_{ri}(2n) - M_{ri}(2n+1)}{Q}\right]\%2 = 0 \\[4mm] M_{ri}(2n+1) + \mathrm{round}\left[\dfrac{M_{ri}(2n) - M_{ri}(2n+1)}{Q}\right]Q & \mathrm{round}\left[\dfrac{M_{ri}(2n) - M_{ri}(2n+1)}{Q}\right]\%2 = 1 \end{cases}
$$

$$(10.21)$$

对 $C(r_i)$ 上系数对按顺时针进行修改。式中 $M'_{ri}(2n)$ 是嵌入水印后的量化修改值，$n=1,\cdots,m_i/2$；% 为取模；量化步长 Q 的取值应能较好地折中不可感知性与鲁棒性之间的矛盾。本章方法量化修改同心圆上的所有系数对，将一位水印信息扩展到整个圆弧中。

（4）读入下一比特水印信息 w_i，重复上述过程，直到将 Lb 的水印信息全部嵌入在归一化子图像的中频系数上。

（5）待水印信息全部嵌入后，用含水印幅值谱 M'_k 及原始相位谱 $\phi_k(k=1,\cdots,m)$ 组成新的 DFT 频谱系数 F'_k，再对 F'_k 进行 IDFT 变换，便得到含有水印信息的归一化子图像。

（6）对含水印子图像做逆 U 变换，替换原始的局部特征区域。

重复 Step4～Step6，直到所有局部特征区域都按照上述过程处理完毕。

10.6　水印检测

水印检测过程基本上是水印嵌入的逆过程，主要过程如下。

Step1. 水印生成。使用与嵌入过程相同的密钥 Key 产生原始水印序列 $W = \{w_i, i=1,\cdots,L\}$。

Step2. 用 Harris-Affine 检测算子从待检测图像中提取仿射不变特征点，设为集合 $\widetilde{P}$，并根据特征点的位置和特征区域生成一系列椭圆片，设为集合 $\widetilde{O}$。

Step3. 对每一个椭圆片 $\tilde{o}_i$ 做对应的 U 变换，把椭圆片归一化到圆形区域。

Step4. 对归一化子图像进行 DFT 变换，得到中心化频谱 $F'_k(k=1,\cdots,m)$，取其幅度谱 $M'_k(k=1,\cdots,m)$。在环形区域 $[r_1, r_L]$ 提取出水印。对于每一个同心圆 $C'(r_i)$，按如下规则提取水印信息 $\tilde{w}_i$：

$$
\tilde{w}_i = \begin{cases} 1, & \text{round}\left[\dfrac{M'_{ri}(2n) - M'_{ri}(2n+1)}{Q}\right]\%2 = 0 \\ -1, & \text{round}\left[\dfrac{M'_{ri}(2n) - M'_{ri}(2n+1)}{Q}\right]\%2 = 1 \end{cases} \tag{10.22}
$$

对某个同心圆 $C'(r_i)$，当 n 遍历 $\{1,2,\cdots,m_i/2\}$ 中所有的值时，求 $N_{i1} = \#\{n \mid \tilde{w}_i = 1\}$ 和 $N_{i2} = \#\{n \mid \tilde{w}_i = -1\}$，其中 $\#$ 表示对集合取势，如果 $N_{i1} \geqslant N_{i2}$，则 $\tilde{w}_i = 1$；否则 $\tilde{w}_i = -1$。

10.7 实验结果

为了评价水印算法的性能,本章选用对原始载体为 $512 \times 512 \times 8b$ 的标准灰度图像 Lena,Baboon 和 Peppers 进行各种测试。仿真实验中,水印采用了 32b 的二元随机序列,自适应常数 $\tau = 8$,水印嵌入强度 $Q = 1000$。特征点的位置允许有一个像素误差,即在特征点位置处检测水印失败,则在邻域 8×8 位置上依次检测。图 10.4 给出了从原始载体图像 Lena、Baboon 和 Peppers 提取的水印嵌入区域。图 10.5 给出了未受到攻击的含水印图像,其 PSNR 值分别为 54.206、53.447 和 53.004,具有很高的透明性。

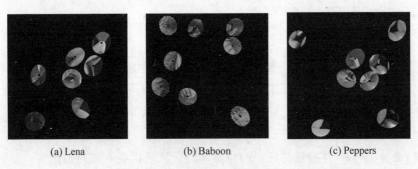

(a) Lena   (b) Baboon   (c) Peppers

图 10.4 原始载体图像中提取出的仿射不变水印嵌入区域

算法有效性的关键是 Harris-Affine 检测算子提取仿射不变特征点与特征区域的鲁棒性。实验中对十多幅不同类型的图像在等比例缩放、不等比例缩放和旋转等攻击下,提取出特征点的准确率进行测试,实验结果如图 10.6～图 10.8 所示(特征点位置误差在 1 个像素内有效,特征尺度误差在 0.49 内有效)。

(a) Lena(PSNR=54.206dB)

(b) Baboon(PSNR=53.447dB)

(c) Peppers(PSNR=53.004dB)

图 10.5　嵌入水印后图像

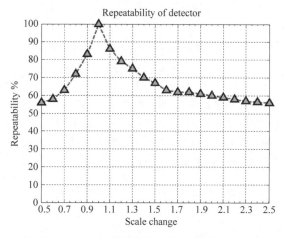

图 10.6　Harris-Affine 检测算子对等比例缩放攻击鲁棒性能

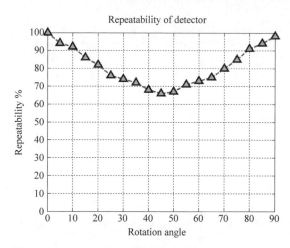

图 10.7　Harris-Affine 检测算子对旋转攻击鲁棒性能

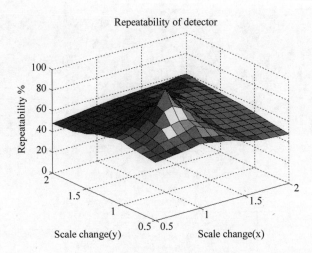

图 10.8　Harris-Affine 检测算子对不等比例缩放攻击鲁棒性能

　　为检测本章算法的抗攻击性能,仿真实验分别对本章算法和文献[11]算法的含水印图像进行一系列攻击(包括常规信号处理和去同步攻击)。实验结果表明(见表 10.1),算法不仅对常规的信号处理攻击具有较高的鲁棒性,且对几何攻击同样具有很好的鲁棒性。

表 10.1　各种攻击下的水印检测结果

攻 击 方 式	检 测 结 果	
	文献[11]算法	本 章 算 法
中值滤波(3×3)	OK	OK
锐化(3×3)	OK	OK
叠加高斯噪声	OK	OK
JPEG 压缩 70	OK	OK
中值滤波＋JPEG90	OK	OK
锐化(3×3)＋JPEG90	OK	OK
去除 8 行 16 列	OK	OK
中心剪切(55%)	OK	OK
旋转 5°	OK	OK
旋转 30°	OK	OK
等比例缩放 0.6	OK	OK

续表

攻 击 方 式	检 测 结 果	
	文献[11]算法	本 章 算 法
等比例缩放 1.4	OK	OK
不等比例缩放(1.6,0.8)	×	OK
不等比例缩放(0.6,0.8)	×	OK
不等比例缩放(1.2,1.4)	×	OK
不等比例缩放(0.8,1.2)	×	OK
不等比例缩放(1.2,0.8)+旋转 10°	×	OK
不等比例缩放(0.8,1.1)+旋转 5°	×	OK

10.8 讨论

基于仿射不变特征点的抗几何攻击水印算法具有以下特点。

（1）利用 Harris-Affine 检测算子提取出自适应于图像局部结构与纹理,且能协变于图像仿射变换的特征点与特征区域,提出的特征点与特征区域对几何攻击鲁棒性高。

（2）量化修改中心化频谱的同心圆中二维幅度数组,将一位水印信息扩展到整个圆弧中,增强了抵抗各种几何变换及其组合的能力。

（3）根据"多数原则"来恢复水印的位信息,实现了盲检测。

小结

本章提出了一种基于仿射不变特征点的抗几何攻击水印算法,算法利用 Harris-Affine 检测算子提取出稳定的仿射不变特征点与特征区域,根据对应的 U 变换能够把变换前后的特征区域归一化到只是旋转角度不同区域的特性,实现了基于量化的抗几何攻击图像数字水印。实验结果表明:算法不仅具有很好的透明性,且对常规信号处理和一般几何攻击及组合几何攻击均具有较好的鲁棒性

参考文献

1. Yuan W G, Ling H F, Lu Z D, et al. Image content-based watermarking resistant against geometrical distortions [C]. 2006 8th international conference on signal processing,2006,1(4)：2632-2635.

2. Shi L, Hong F, Cui G H. A quantization-based digital watermarking robust to geometrical transformations[C]. 2003 International Conference On Machine Learning And Cybernetics,2003,1(5)：2826-2830.

3. Kim B S,Choi J G,Park C H,et al. Robust digital image watermarking method against geometrical attacks[J]. Real-Time Imaging,2003 9(2)：139-149.

4. Kim B S, Choi J G, Park K H. RST-resistant image watermarking using invariant centroid and reordered Fourier-Mellin transform[C]. 2nd International Workshop on Digital Watermarking,2004,2939：370-381.

5. Zheng D, Zhao J. A rotation invariant feature and image normalization based image watermarking algorithm[C]. IEEE International Conference on Multimedia and Expo,2007,1(5)：2098-2101.

6. Alghoniemy M,Tewfik A H. Geometric invariance in image watermarking[C]. 2006 IEEE International Conference on Image Processing,2006：1401-1404.

7. Tokar T, Levicky D. Robust watermarking of gray scale images by using synchronization templates[J]. 2007 17th International Conference Radioelektronika,2007,1(2)：396-399.

8. Lou Oujun,Wang Xianghai,Wang Zhengxuan. Research on Quantization-Based Robust Video Watermarking Technique against Geometrical Attacks[J]. Journal of Computer Research and Development,2007,44(7)：1211-1218.

9. Li L D, Guo B L, Pan J S. Robust image watermarking using feature based local invariant regions[J]. International Journal Of Innovative Computing Information And Control,2008,4(8)：1977-1986.

10. Wang X Y, Hou L M, Wu J. A feature-based robust digital image watermarking against geometric attacks[J]. Image And Vision Computing,2008,26(7)：980-989.

11. Xiangyang Wang, Jun Wu, and Panpan Niu. A new digital image watermarking algorithm resilient to desynchronization attacks [J]. IEEE Transactions on Information Forensics and Security,2(4)：655-663.

第 **11** 章　基于Contourlet变换域的水印算法

11.1　引言

　　研究早期,水印是被直接嵌入在空间域。但随着水印技术的发展,提出水印嵌入到变换域(DCT、DWT 等)空间优于嵌入到空间域中,水印嵌入域的性质直接影响水印嵌入的质量。所以寻求更加适合于水印嵌入的变换域是目前水印算法研究的另一个重点。Contourlet 变换具有多尺度、局部化和方向性等特性,它能比小波更优地表示二维图像,所以我们在对 Contourlet 变换的理论基础研究上,提出了一种基于 Contourlet 变换域的自适应水印算法。算法中水印被嵌入到 Contourlet 变换域的最高阶方向子带中能量最大的子带,再依据嵌入点在低频对应位置的能量和高尺度同方向子带对应位置的纹理信息自适应地调整水印嵌入强度。仿真实验表明,所提出的水印算法不仅具有很好的透明性,而且对常见的图像处理攻击具有很好的鲁棒性。该算法的缺点是对几何攻击不具有鲁棒性。所以,在此基础上,进一步提出了一个基于 Contourlet 域的抗几何攻击水印算法,算法结合了模板匹配算法与基于图像特征的第二代水印算法的优点,利用图像特征点作为图像匹配的模板,从而在水印检测前,用来估计几何失真参数,实现重同步。水印则被自适应地嵌入到 Contourlet 变换域中的局部纹理方向中。仿真实验表明,所提出的水印算法不仅具有很好的透明性,而且对常见的图像处理及几何攻击具有较好的鲁棒性。

　　小波是表示具有点奇异性目标函数的最优基,因此小波对于含"点奇异"的一维信号能达到"最优"的非线性逼近阶[1]。常用的二维小波是由一维小波张量积所生成,其基函数的支撑是方形的,且只有水平、垂直、对角三个方向。然而,自然图像并不是一维分段光滑线段的简单堆积,由于实际物理对象的光滑边界,不连续的点(边缘)通常位于光滑曲线(轮廓)上。因此,自然图像包含内在的几何结构,这些是视觉信息的重要特征。通过可分离式扩展一维小波所得到的二维小波擅长于分离不连续的边缘点,但不能很好地表示沿着轮廓的光滑性。此外,可分离小波只能得到图像或者多维信号的有限方向信息。显然,解决小波变换在高维信号处理中的局限性,需要更强大的分析和表示工具。

11.2　Contourlet 变换

2002 年,Minh ND 等[2] 提出了一种"真正"的图像二维表示法 Contourlet 变换,这种新的多尺度几何变换,不仅具有小波变换的多分辨率和时频局部性,而且提供了高水平的方向性和各向异性,从而可以更全面地表示图像本身的几何特性[3]。

Contourlet 变换是一种基于图像的几何性变换,它将多尺度分析和方向分析分拆进行,能有效地表示轮廓和纹理丰富的图像。该变换基函数的支撑域为不同规格的长条形,且每个长条形的方向与包含于该区域内曲线的走向大体一致。二维小波基函数具有方形的支撑域,表现出各向同性的性质,仅能捕捉有限的方向信息(水平、垂直和对角线方向)。图 11.1(a)给出了二维小波基逼近曲线奇异的过程。二维小波的多分辨率性质通过使用具有不同尺度方形支撑域的基函数来实现,随着分辨率升高,尺度变细,最终

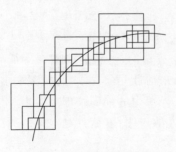
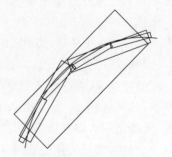

(a)用二维小波逼近轮廓曲线　　　　(b)用Contourlet逼近轮廓曲线

图 11.1　基函数表示曲线的对比示意图

表现为使用众多的"点"来逼近曲线。与二维小波变换相比,具有丰富基函数的 Contourlet 变换可以用更少的变换系数描述光滑边缘,并且将具有相同方向信息的奇异点汇集成奇异线或面,图 11.2(b)给出了 Contourlet 基对同一曲线奇异给出了表示法,显然分辨率相同时,图 11.2(b)使用的长条形少于 11.2(a)中的方形。

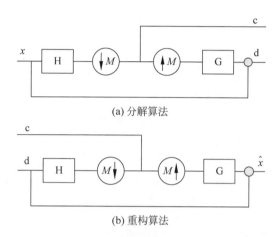

(a) 分解算法

(b) 重构算法

图 11.2 金字塔分解和重构结构图

从图 11.1 可以看出,Contourlet 逼近与小波逼近相比,其优点在于利用了轮廓的光滑性所产生的局部相关性,从而将邻域的相关小波系数合为一组。因此,可以通过如下方式获得自然图像的稀疏表示:首先进行多尺度变换,然后,通过局部方向变换将同一尺度的相邻基函数合为一线性结构。

Contourlet 变换,也称金字塔型方向滤波器组(Pyramidal Directional Filter Bank,PDFB),是一种不可分离的多尺度信号表示方法,其支撑区间具有随尺度而长宽比变化的"长条形"结构,能有效地跟踪图像中的线奇异性和面奇异性。它将多尺度分析和方向分析分拆进行,首先对图像进行拉普拉斯金字塔分析(Laplacian Pyamid,LP)[4]来捕获奇异点;然后由方向滤波器组(Directional Filter Bank,DFB)将分布在同方向上的奇异点连接成线,这样就得到图像的稀疏表示,这种结构使得 Contourlet 具有较优的非线性逼近性能。Contourlet 变换扩展了对不同尺度、方向和宽高比的支持,这使得它可以像图 11.1(b)那样对图像进行有效逼近。在频域,Contourlet 提供了一个多尺度方向分解,但是具有 33% 的冗余,该冗余由 LP 产生。实际上,第一阶段是用类似于小波的变换完成方向检测,然后再用方向变换完成对轮廓的分割,后一阶段与计算机视觉中的霍夫变换十分类似。

11.2.1 拉普拉斯金字塔滤波器组

拉普拉斯金字塔分解是一种多尺度分析方法,是实现图像多分辨率分析的一种有效方式。拉普拉斯算法在每一步生成一个原始信号的低通采样和原始信号与预测信号的差,得出一个带通图像。这个过程一般都通过迭代来实现。图 11.2 为 LP 分解和重构结构图,其中图 11.2(a)为分解过程,输出是低通采样信号 c 和带通信号 d,图 11.2(b)为重构过程,使用前向分解算子的对偶框架算子来实现最优线性重构。

拉普拉斯金字塔分解的一个缺点是产生过采样。但是和小波变换相比,拉普拉斯金字塔滤波器的一个显著特点是每一个金字塔的层中只生成一个带通图像,而不会出现频谱混叠的现象。而小波变换对低频和高频都进行了下采样,这样,高通信号映射回低频部分时出现混频现象。图 11.3 为 LP 分解示意图。

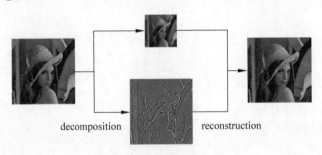

图 11.3 LP 分解示意图

11.2.2 方向滤波器组

1992 年,Bamberger 和 Smith 构造了一个二维方向滤波器组[5],通过 n 级二叉树分解将频谱分解为 2^n 个楔状子带。且每个子带被分割为楔形,因此能有效地提取图像的方向特征。8 个方向子带分解后的频谱如图 11.4 所示。

Minh N. D. 对其改进,提出了一种新的 DFB 构造方法[6],它是基于梅花滤波器组(Quincunx Filer Banks,QFB)的扇形滤波器,这种新的 DFB 可以不用对输入图像进行调节,并且有一个简单的展开分解树规则。直观上,这

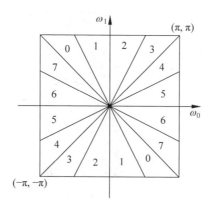

图 11.4 DFB8 方向子带分解频谱示意图

种方法由两个模块构成:第一个模块是一个双通道的 QFB 扇形滤波器,它把二维频谱划分为垂直和水平方向,如图 11.5 所示,黑色区域表示每个滤波器的理想频谱支撑,Q 是五株采样矩阵(Quincunx Sample Matrix,QSM),图 11.6 是原图像通过 Q 矩阵进行下采样的示意图。DFB 的第二个模块是切分算子,它是对图像采样的重新排列,这里主要是对图像进行旋转操作(参见图 11.7)。可以通过 QFB 扇形频谱滤波器和切分算子的适当组合来实现楔形频率划分。

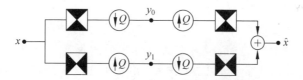

图 11.5 QFB 扇形滤波器的二维频谱分割

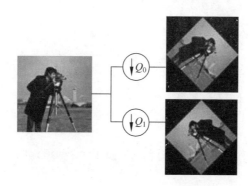

图 11.6 通过 Q 矩阵进行下采样

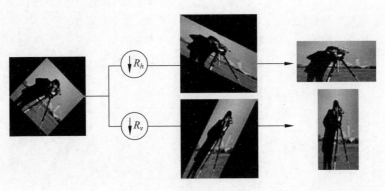

图 11.7　*R* 矩阵重采样

11.2.3　金字塔方向滤波器组

方向滤波器组是被设计用来描述图像高频部分(即方向性)的,对低频信号部分的控制则很差。事实上,在频率划分中,低频部分被"泄漏"到了几个方向子带中,那么单纯使用并不能满足图像的稀疏表示的要求。为了改善这种状况,应该在使用之前把低频部分移除,这也是与多分辨分析结合的另一个原因。Contourlet 变换将 LP 分解与 DFB 结合起来可以得到很好的双重滤波器组结构,也称之为塔形方向滤波器组。

图 11.8 为结合 LP 和 DFB 的多尺度、多方向分解图,即 Contourlet 变换。首先对原始图像进行分解,然后对分解后的带通信号进行方向信息捕获,针对低频信号逼近分量再进行分解,不断重复这个过程可实现多层的变换(参见图 11.9)。图 11.10 为 Barbara 图像进行 2 级 Contourlet 变换的效果图,其中子带方向个数分别为 4 和 8。

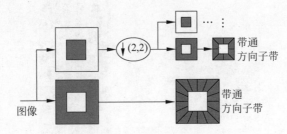

图 11.8　PDFB 分解过程示意图

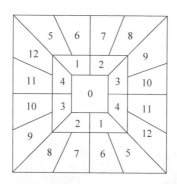

图 11.9　PDFB 尺度和方向分布图

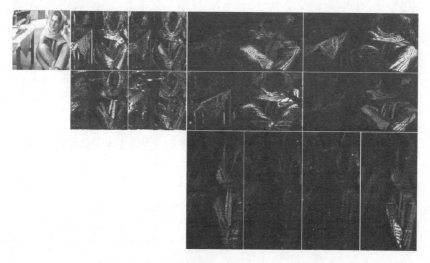

图 11.10　Barbara 图像的 Contourlet 变换效果图

11.2.4　Contourlet 变换的特性

Contourlet 变换的特性有：

（1）为 LP 和 DFB 使用完全重构滤波器，所以 Contourlet 变换是能够完全重构的。

（2）对图像更加灵活的多尺度描述。它的独特性是可以用方向滤波器组将 LP 变换后的带通图像分解成指定个数的方向子带，能更好地提取图像纹理方向的分布。如图 11.11 所示，Contourlet 变换的方向子带更具体地体现了该方向上的轮廓和边缘分布,与小波变换的子带相比,其纹理方向性和分布更加明确。从而在嵌入水印时,可以更好地利用图像的纹理掩蔽特性。同时在 Contourlet 变换子带中,方向子带中的奇异点也代表了图像的重要特征系数。利用 Contourlet 变换,既可以提取出图像方向上的纹理特性,也可以提取出图像的重要系数,水印嵌入到这样的方向子带中,能很好地协调鲁棒性与透明性之间的矛盾。

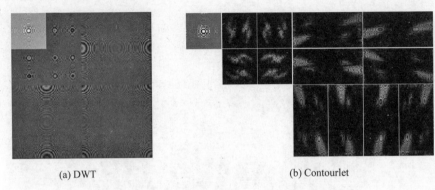

(a) DWT　　　　　　　　　　(b) Contourlet

图 11.11　DWT 与 Contourlet 2 阶分解示意图

　　(3) 图像进行 Contourlet 分解后,系数之间是近似去相关的。如图 11.11(b) 所示,能量主要集中在各尺度下方向子带的纹理和边缘位置上,同时系数变化是与大系数条件相关的。因此 Contourlet 子带系数的分布是具有非线性相关性的。图 11.12 给出了图像 Contourlet 变换后方向子带的

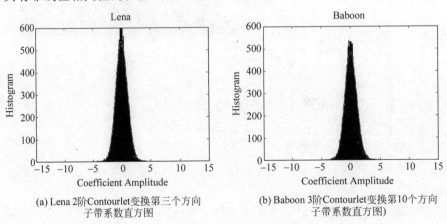

(a) Lena 2阶Contourlet变换第三个方向　　　(b) Baboon 3阶Contourlet变换第10个方向
　　子带系数直方图　　　　　　　　　　　　　子带系数直方图)

图 11.12　Contourlet 变换方向子带系数直方图

系数直方图,体现了系数的概率分布特性:在零均值上方有尖锐的峰起,同时在峰起的两侧迅速衰减。显然,Contourlet变换后的方向子带系数边缘概率分布可以用广义高斯模型拟合。假定嵌入的水印信息 $W(x,y)$ 由一个服从于均值为 0,方差为 1 的高斯分布的伪随机实数序列组成。把这样的一个水印嵌入到 Contourlet 变换方向子带的过程,可以看成是两个服从于同分布的信号叠加,这样不仅满足了视觉上的不可见性,而且在数理统计上也是隐蔽的。

(4)由于 LP 的冗余性,Contourlet 变换具有 4/3 的冗余度[7]。冗余度对于图像压缩方面是不利的,但是对于水印而言,冗余度意味着有更多的可嵌入空间。

11.3　基于 Contourlet 变换域的自适应水印算法

Contourlet 变换具有多尺度、局部化和方向性特性,它能"最优"地表示含线或面奇异的二维图像,目前已经被应用到数字水印领域。根据人眼对图像的边缘和纹理不敏感的特性,本节提出了一种新的基于 Contourlet 变换的自适应水印算法。算法首先对 Contourlet 变换后的各方向子带进行分析,提取出纹理最丰富、图像构建最重要的方向子带作为水印嵌入区域。然后,根据统计对应低频子带系数的能量和下一阶高频子带的纹理特征自适应地嵌入水印。实验结果表明,该方案不仅具有很好的透明性,且对常规信号处理具有很好的鲁棒性。

11.3.1　水印嵌入

水印嵌入可以看作是在强背景(原始图像)下加上一个弱信号(水印),只要迭加的信号低于可见度阈值,视觉系统就无法感觉到水印信息的存在。本节在研究 Contourlet 特性的理论基础上,提出了将水印信号自适应地嵌入到 Contourlet 变换域的最高一阶纹理最丰富的方向子带中。在 Contourlet 变换域中,各子带的能量大小相应地反映了纹理特征,水印嵌入具体过程如下。

Step1. 搜索水印嵌入方向子带。

$$E_{l,d} = \frac{1}{M_{l,d}N_{l,d}} \sum_{x=1}^{M_{l,d}} \sum_{y=1}^{N_{l,d}} C_{l,d}(x,y)^2 \qquad (11.1)$$

其中，$M_{l,d}$ 和 $N_{l,d}$ 分别表示方向子带 $C_{l,d}$ 的宽度和高度；(x,y) 表示带内坐标。$E_{l,d}$ 越大意味着这个子带纹理越丰富，同时也表示对图像重构重要性越大，水印嵌入到 $E_{l,d}$ 最大的方向子带中能很好地协调水印的透明性与鲁棒性。

Step2. 水印自适应嵌入。水印嵌入到被 Step1 确定的 $\max(E_{l,d})$ 方向子带中，水印按如下公式自适应嵌入。

$$C'_{l,d}(x,y) = C_{l,d}(x,y) + \alpha H_{l,d}(x,y)W(x,y) \qquad (11.2)$$

其中：

（1）$C'_{l,d}(x,y)$ 表示 l 阶分解 d 方向的嵌入水印子带图像系数。

（2）α 表示水印嵌入强度，协调水印整体的透明性与鲁棒性，实验中 $\alpha=12$。

（3）$W(x,y)$ 由伪随机实数序列组成，服从于均值为 0，方差为 1 的高斯分布，取值为 $\{1,-1\}$，与被嵌入的子带等大。

（4）$H_{l,d}(x,y)$ 表示自适应调节参数。根据视觉特点，人眼对亮度、纹理和频率通常具有可屏蔽特性，即人眼对图像的中间亮度区域的畸变最敏感，且对亮度的敏感性随着亮度的增加或减少向两端呈抛物线状下降，同样背景的纹理越复杂，嵌入的水印可见性越低。此外，在变换域中，人眼对低频的变化要比高频敏感。根据上述特性，$H_{l,d}(x,y)$ 可定义如下：

$$H_{l,d}(x,y) = F_l B_{l,d}(x,y)^{0.2} T_{l,d}(x,y)^{0.2} \qquad (11.3)$$

其中，F_l 是频率掩蔽因子，$F_l = \sqrt[3]{r/l}$，r 是一个常数，实验中 $r=1.2$。

$B_{l,d}(x,y)$ 是亮度掩蔽因子，定义如下：

$$B_{l,d}(x,y)$$
$$= \begin{cases} \dfrac{1}{n}\sum_{g=0}^{n-1} \left| \dfrac{\left[\dfrac{I_l(n \cdot x + g, y) - \min(I_l)}{\max(I_l) - \min(I_l)} \times 255 - 128\right]}{128} \right| & M_{l,d} > N_{l,d}, n = \dfrac{M_{l,d}}{N_{l,d}} \\[4mm] \dfrac{1}{n}\sum_{g=0}^{n-1} \left| \dfrac{\dfrac{I_l(x, n \cdot y + g) - \min(I_l)}{\max(I_l) - \min(I_l)} \times 255 - 128}{128} \right| & N_{l,d} > M_{l,d}, n = \dfrac{N_{l,d}}{M_{l,d}} \end{cases}$$
$$(11.4)$$

$$T_{l,d}(x,y) = \text{Var}\{C_{l-1,d}(2x+g_x, 2y+g_y)\}_{gx=0,1; gy=0,1} \qquad (11.5)$$

$T_{l,d}(x,y)$是纹理掩蔽因子，$C_{l-1,d}$表示当前方向子带对应的下级同方向子带。

Step3. 做 Contourlet 逆变换，得到含水印的图像。

11.3.2 水印检测

水印检测总体上是嵌入的逆过程，无需原始图像，具体过程如下。

Step1. 进行与水印嵌入阶段相同的 Contourlet 变换，并确定 l 阶能量最大的方向子带。

Step2. 检测待检测方向子带与水印 W 的相关性：

$$\rho = \frac{1}{M'_{l,d}N'_{l,d}} \sum_{i=1}^{M'_{l,d}} \sum_{j=1}^{N'_{l,d}} C'_{l,d}(x,y)W(x,y) \tag{11.6}$$

选取合适的阈值 τ，水印存在与否的判定标准为：若 $\rho > \tau$，则判定被检测图像中有水印的存在；否则水印不存在。判断阈值可以根据 Neyman-Pearson Criterion 确定。检测时，待检测图像存在着三种可能性：A. 不存在水印；B. 存在其他水印；C. 存在嵌入的水印。

假设：嵌入水印的区域 $C_{l,d}(x,y)$ 系数服从均值为 0、独立不相关分布；ρ 的取值服从正态分布。则根据中心极限定理，对于可能性 A、B 和 C，ρ 的均值为：

A：$\mu_{\rho A} = 0$

B：$\mu_{\rho B} = 0$

C：$\mu_{\rho C} = \dfrac{\alpha}{M_{l,d}N_{l,d}} \sum_{x=1}^{M_{l,d}} \sum_{y=1}^{N_{l,d}} E[H_{l,d}(x,y)]$

其中，$E[\ ]$表示数学期望。

误检的概率 $P_f = \text{Prob}(\rho > \tau | \text{A or B})$，对于情况 A：

$$\sigma_{\rho A}^2 = \frac{\sigma_W^2}{(M_{l,d}N_{l,d})^2} \sum_{x=1}^{M_{l,d}} \sum_{y=1}^{N_{l,d}} E[(C_{l,d}(x,y))^2] \tag{11.7}$$

情况 B：

$$\sigma_{\rho B}^2 = \frac{\sigma_W^2}{(M_{l,d}N_{l,d})^2} \sum_{x=1}^{M_{l,d}} \sum_{y=1}^{N_{l,d}} E[(C_{l,d}(x,y))^2] + \alpha^2 \sigma_W^2 E[(H_{l,d}(x,y))^2]$$

$$\tag{11.8}$$

σ^2 表示方差。又有：

$$E[C'_{l,d}(x,y)^2] = E[C_{l,d}(x,y)^2] + \alpha^2 E[H_{l,d}(x,y)^2 W(x,y)^2] +$$
$$2\alpha E[C_{l,d}(x,y)H_{l,d}(x,y)W(x,y)] \qquad (11.9)$$

根据假设 $\sigma_w^2 = 1$，$E[C_{l,d}(x,y)] = E[W(x,y)] = 0$，且水印 $W(x,y)$ 与 $C_{l,d}(x,y)$ 是独立不相关的，可得：

$$\sigma_{\rho B}^2 = \frac{1}{(M'_{l,d}N'_{l,d})^2} \sum_{x=1}^{M'_{l,d}} \sum_{y=1}^{N'_{l,d}} E[(C'_{l,d}(x,y))^2] \qquad (11.10)$$

在实际计算时采用对 $\sigma_{\rho B}^2$ 的无偏估计，即

$$\sigma_{\rho B}^2 \approx \frac{1}{(M'_{l,d}N'_{l,d})^2} \sum_{x=1}^{M'_{l,d}} \sum_{y=1}^{N'_{l,d}} C'_{l,d}(x,y)^2 \qquad (10.11)$$

检测时，很明显出现情况 B 时的误检率比出现 A 时误检率高得多，所以：

$$P_f \leqslant \frac{1}{2} \mathrm{erfc}\left(\frac{\tau}{\sqrt{2\sigma_{\rho B}^2}}\right) \qquad (11.12)$$

当误检概率 $P_f \leqslant 10-8$ 时，可得阈值：

$$\tau = 3.97\sqrt{2\sigma_{\rho B}^2} \qquad (11.13)$$

11.3.3　实验结果

为了评价水印算法的性能，本节选用的原始载体为 $512 \times 512 \times 8b$ 标准灰度图像 Lena、Baboon 和 Peppers 进行各种测试。仿真实验中，首先对输入图像进行 $l=2, d=4$ 的 Contourlet 变换，按 11.3.1 节水印嵌入算法，将水印嵌入到 B_2 的 16 个方向子图像中能量最大的子带图像中。图 11.13 给出了嵌入水印后的标准图像 Lena、Baboon 和 Peppers。实验结果表明，嵌入水印的图像峰值信噪比都在 50dB 左右，有很好的透明性。

为了验证相关性检测水印的正确性，实验中检测了 1000 个不同的水印，其中第 500 个水印是被嵌入的水印，实验结果如图 11.14 所示。结果表明，只有正确的水印的相关系数大于给定的阈值。

图像在传播过程中最易遭受到 JPEG 攻击，图 11.15 给出了本节算法对测试图像随 JPEG 压缩质量的变化检测出的相关系数，从图中很容易看出，当 JPEG 压缩质量大于 10 时，本节算法都能从攻击后的图像中验证水印的存在。

(a)Lena(PSNR=50.98dB)　　(b) Baboon(PSNR=49.91dB)　　(c) Peppers(PSNR=50.06dB)

图 11.13　水印嵌入实验结果

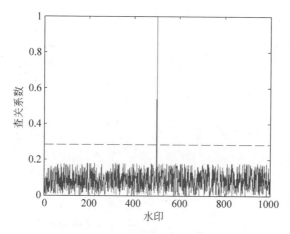

图 11.14　测试相关性检测的正确性

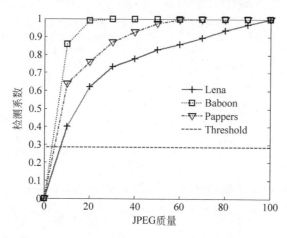

图 11.15　测试图像遭受 JPEG 攻击后检测的相关系数

　　对含水印图像进行高斯低通滤波、高斯噪声、椒盐噪声和中值滤波等常见的图像处理攻击,图 11.16 和图 11.17 分别给出了本节算法对测试图像 Lena、Baboon 和 Peppers 在高斯低通滤波和高斯噪声攻击后检测出的相关系数。表 11.1 给出了部分测试结果。实验结果表明,算法对常见图像处理攻击具有很高的鲁棒性。

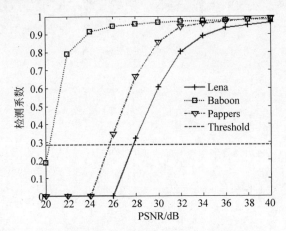

图 11.16　测试图像遭受高斯低通滤波攻击后检测的相关系数

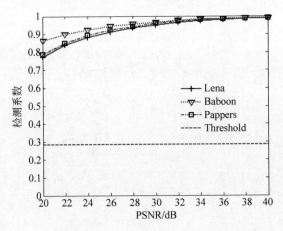

图 11.17　测试图像遭受高斯噪声攻击后检测的相关系数

表 11.1　图像处理攻击后图像检测的相关系数和 PSNR

攻 击 方 式	相关系数[PSNR]		
	Lean	Baboon	Peppers
高斯噪声	0.85[20.11]	0.91[20.01]	0.82[20.18]
椒盐噪声	0.86[25.39]	0.92[25.60]	0.91[25.32]
低通滤波	0.88[32.92]	0.87[23.24]	0.89[30.87]
中值滤波	0.93[36.41]	0.89[23.09]	0.92[33.27]
剪切 1/4	0.92[10.76]	0.93[13.67]	0.92[11.90]
乘性噪声	0.90[26.79]	0.94[25.44]	0.92[25.93]

用所获得的实验结果,和使用同样嵌入参数下将水印嵌入到 DWT 域而获得的结果进行比较:把水印嵌入到 DWT 域的第三阶细节子带中的纹理最丰富的子带上,嵌入等强度的同一水印。实验结果表明:本节提出的水印技术能够获得更好的图像质量(基于 DWT 域嵌入水印的 Lena 图像 PSNR 是 46.19dB),同样基于 Contourlet 域的水印对 JPEG、高斯噪声、高斯低通滤波等常见的信号处理更加鲁棒,图 11.18~图 11.20 是标准测试图像 Lena 分别基于本章算法和基于 DWT 域的算法在遭受 JPEG、高斯噪声、高斯低通滤波攻击后检测的相关系数对比。

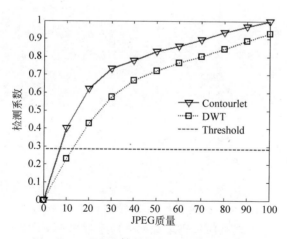

图 11.18　测试图像 Lena 遭受 JPEG 攻击后
检测的相关系数对比

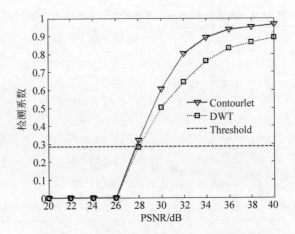

图 11.19　测试图像 Lena 遭受高斯低通滤波攻击后检测的相关系数对比

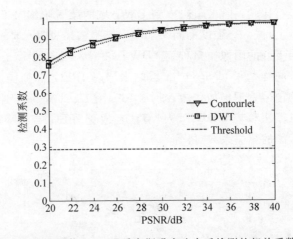

图 11.20　测试图像 Lena 遭受高斯噪声攻击后检测的相关系数对比

11.3.4　讨论

基于 Contourlet 变换域的自适应水印算法具有以下两个特点。

（1）根据 Contourlet 变换特性及各变换子带系数特点的基础上，选择 Contourlet 变换域上最高阶纹理最强的方向子带作为水印嵌入的子带，在嵌入的区域选择上就能确保水印的鲁棒性。

（2）水印嵌入时，按照嵌入点的能量与纹理特性自适应地调整嵌入强度,确保了水印算法具有较好的不可见性。

11.4 基于特征点模板的 Contourlet 域抗几何攻击水印算法

本章算法结合了基于同步模板匹配水印算法与基于图像特征点的第二代水印算法的优点,将特征点作为匹配模板而不是水印嵌入区域的标志。与传统基于模板匹配的水印算法相比,该算法不用嵌入任何额外的模板信息,且提取的特征点模板具有很好的几何鲁棒性。而与基于特征的第二代水印技术相比,该算法水印信息被自适应地嵌入到整幅图像中而不是局部特征区域,大大提高了水印嵌入信息量。实验结果证实,该算法不仅具有很好的透明性,且对常规信号处理和常见的几何攻击均具有很好的鲁棒性。

11.4.1 特征点模板的提取

特征点具有协变于图像几何形变的性质,因此,可作为模板来校正几何形变。当前普遍采用 Harris-Laplace 算子来提取特征点,算子的优点是提取的特征点鲁棒性能好,对一般几何攻击具有一定的不变性(例如:旋转、缩放、平移等),但不足是算子的时间复杂度较高。在本节中,对 Harris-Laplace 算子进行了改进,在保证算子提取特征点的鲁棒性能基本不变的前提下,较大地简化了算子的时间复杂度。

1. 改进 Harris-Laplace 检测算子

文献[8]提出的 Harris-Laplace 算子利用 Harris 算子在尺度 $\delta_n = s^n \delta_0$ 上建立了 Ns 个尺度空间的描述,其中,n 表示的是一系列尺度中的第 n 尺度,$n=1,2,\cdots,$Ns;s 表示尺度因子,自适应调整尺度间的跨度。在每一尺度空间描述上提取大于给定阈值,且在邻域 Q 内的极值点,然后验证该点能否在 N 尺度空间上的某一尺度获得局部极值,获得极值则校验此点在该尺度空间上的 LOG 算子是否获得极值,若能获得极值,则是特征点,否则舍弃。算法的优点是提取的特征点鲁棒性较高,不足是 Harris-Laplace 算子的时间复杂度高,运算时间较长。本节对传统的 Harris-Laplace 算子进行改进,在确保特征点鲁棒性的前提下,减少了运算时间。具体过程如下。

Step1. 利用 Harris 算子提出候选特征点。选取某一尺度 $\delta_{H \cdot I}, \delta_{H \cdot D}$ 和阈值 t_u, 利用 Harris 算子获得候选特征点集 $\{p_k\}(\delta_{H \cdot I} = s^{n_1}\delta_0, \delta_{H \cdot D} = 0.7\delta_{H \cdot I}, n_1$ 是一个常数, $1 \leqslant n_1 \leqslant Ns, \delta_0$ 表示初始尺度。实验中 $s = 1.4, n_1 = 5, \delta_0 = 1.2, t_u = 1200$)。

Step2. 粗尺度搜索。对于每个候选特征点 p_k, 在尺度空间 $\delta_D^{(n)} = s^n \delta_0^{(n)}$, $n = 1, 2, \cdots, Ns$, 检验 LOG 算子在此点处是否能在这 Ns 尺度空间内获得局部极值, 若不能获得极值, 则舍弃该点, 继续执行 Step2; 若能获得局部尺度极值 δ_k, 则该点记入集合 $\{p_k'\}$, 并执行 Step3 (实验中 Ns = 15)。

Step3. 细尺度搜索。Step2 的尺度跨度是以尺度因子 s 的指数增长的, 不能精确地定位点的特征尺度, 需进一步确定。以 Step2 获得的特征尺度 δ_k 为中心, 搜索范围限定为 $\delta_{k \cdot t} = t\delta_k$, 最后获得精确的特征尺度 δ_k' (实验中 $t = 0.7, 0.8, \cdots, 1.4$)。

改进后的 Harris-Laplace 算子, 既有 Harris 算子提出的特征点鲁棒性高的优点, 又包含 LOG 算子在尺度空间上易获取局部极值的特性。传统的 Harris-Laplace, 需要对图像进行 Ns 个尺度空间的描述, 那么 Harris-Laplace 算子需要在这些尺度空间分别进行特征点的计算, 故需要 Ns 次 Harris 运算, 最后再对各个尺度空间中提取出的少量特征点进行 Laplace 运算。其计算数约为:

$$TC_1 = MN(s + s^2 + \cdots + s^{Ns})(1 + K_1)\delta_0 \tag{11.14}$$

其中, M、N 分别表示图像的宽度和高度。K_1 是 Harris 算子提取的特征点数和图像像素数比值, 计算的是 Laplace 算子的计算数。因为特征点只占图像的很少部分, 一般 $K_1 < 0.01$。而改进的 Harris-Laplace 算子只需要进行一次 Harris 运算, 其计算数约为:

$$TC_2 = MN[s^{n_1} + (s + s^2 + \cdots + s^{Ns})(K_1 + K_2)]\delta_0 \tag{11.15}$$

其中, K_2 是根据 Step1 和 Step2 后获取的特征点数与图像像素数比值, 计算的是细尺度搜索的计算数, 同样 $K_2 < 0.01$。

通过上述分析, 算子的运算效率主要取决于 Harris 算子。改进的 Harris-Laplace 算子, 只需一次 Harris 运算, 大大降低了 Harris 算子的运算次数, 与传统 Harris-Laplace 算子的计算数比值约为:

$$TP = \frac{TC_2}{TC_1} \cong \frac{s-1}{s^{Ns-n_1+1}} \tag{11.16}$$

本节实验中 Ns = 15, $s = 1.4, n_1 = 5$, 这些条件下, 改进的算子运算时间仅约为传统算子的 1%。

2. 模板的确定

通过改进的 Harris-Laplace 算子从图像中提取出候选特征点集$\{p_k\}$后,再从候选特征点集$\{p_k\}$中最终确定特征点,具体过程如下。

Step1. 从候选点集$\{p_k\}$中提取$R(x_k,y_k,\delta_I,\delta_D)$绝对值最大的点,以此点的特征尺度$[\delta_k]$的$\upsilon$倍为特征区域半径($[\cdot]$表示取整,$\upsilon$是自适应常数,实验中$\upsilon=8$),若其特征区域没有超出图像边缘且不与已存在的特征区域有重叠,则该点是特征点,并入特征点集$\{f_k\}$中,否则舍弃。

Step2. 把该点的$R(x,y,\delta_I,\delta_D)$置为0。

Step3. 如果该点是特征点,统计其特征区域的像素均值A_k,均方差S_k,并与特征尺度δ_k'构成此特征点的特征矢量$\vec{v}_k$,定义如下。

$$A_k = \frac{1}{e}\sum_{x,y}I(x,y) \tag{11.17}$$

$$S_k = \frac{1}{e}\sum_{x,y}(I(x,y)-A_k)^2 \tag{11.18}$$

$$\vec{v}_k = (\delta_k,A_k,S_k) \tag{11.19}$$

其中,e是指定特征区域的像素个数。

Step4. 重复 Step1、2 和 3,直到候选特征点集$\{P_k\}$的梯度因子R都为0或特征点个数大于ω,实验中$\omega=20$。

以特征点的特征尺度作为选取特征区域的理论依据是特征尺度与图像局部结构具有协变特性,在发生缩放或不等比例缩放时,特征区域随图像变化而变化,从而保证提取特征点的正确性。

11.4.2 特征点模板的匹配

在水印检测前,用 11.4.1 节的方法提取特征点集$\{f_k'\}$和对应的特征矢量集$\{\vec{v}_k'\}$。图像在经过攻击后提取特征点集可能与原始特征点集$\{f_k\}$不完全一致,所以第一步是要找到原始特征点 f_k 在经过攻击后的对应特征点 f_k'。具体过程如下。

Step1. 对原始特征矢量集$\{\vec{v}_k\}$和攻击后的特征矢量集$\{\vec{v}_k'\}$中各矢量的分量分别归一化处理,归一化后的特征矢量集分别为$\{\bar{v}_k\}$、$\{\bar{v}_k'\}$。

Step2. 搜索原始特征点 f_k 在攻击后特征点集$\{f_k'\}$中的匹配点,定义两点距离为:

$$d(\bar{v}_k, \bar{v}_j') = \xi_1 \mid \bar{\delta}_k - \bar{\delta}_j \mid + \xi_2 \mid \bar{A}_k - \bar{A}_j' \mid + \xi_3 \mid \bar{S}_k - \bar{S}_j' \mid \quad (11.20)$$

其中,k 初始值为 0,$j=1,2,\cdots,\omega$,ω 表示特征点集 $\{f_k'\}$ 的个数,ξ_a 是一个自适应常数,表示各分量的权重。求出两点之间最小距离 $\min(d(\bar{v}_k, \bar{v}_j'))$,当 $\min(d(\bar{v}_k, \bar{v}_j'))$ 小于给定的阈值 ε 时,认为两点匹配,把这一匹配点对分别从原始特征点集 $\{f_k\}$ 和攻击后特征点集 $\{f_k'\}$ 中移到匹配点集 $\{Mh_i\}$;若大于阈值 ε,则无匹配点(实验中 $\xi_1 = 1.24$,$\xi_2 = 0.96$,$\xi_3 = 1.17$,$\varepsilon = 0.055$)。

Step3. $k = k+1$,重复 Step2,直到原始特征点集 $\{f_k\}$ 中的点全部处理完毕。

11.4.3　几何攻击参数的估计和校正

常见的几何攻击有旋转、等比例缩放、不等比例缩放和旋转与缩放组合攻击等。如图 11.21 所示,原始特征点 (x_1, y_1)、(x_2, y_2) 和 (x_3, y_3) 在遭受旋转 θ、不等比例缩放 (Z_x, Z_y) 和平移 (T_x, T_y) 等攻击后对应的新坐标分别是 (x_1', y_1')、(x_2', y_2') 和 (x_3', y_3'),要想恢复点的初始关系,则需要先对图像做旋转 $-\theta$,再做一不等比例 $(1/Z_x, 1/Z_y)$ 的缩放,最后平移回去。

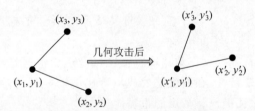

图 11.21　点遭受几何攻击示意图

假设分别以 (x_1, y_1) 和 (x_1', y_1') 为几何变换原点(即坐标原点 $(0,0)$),则在新坐标系下各点的坐标分别为:

$$\begin{cases} \Delta x_2 = x_2 - x_1 \\ \Delta y_2 = y_2 - y_1 \end{cases}, \begin{cases} \Delta x_3 = x_3 - x_1 \\ \Delta y_3 = y_3 - y_1 \end{cases}, \begin{cases} \Delta x_2' = x_2' - x_1' \\ \Delta y_2' = y_2' - y_1' \end{cases}, \begin{cases} \Delta x_3' = x_3' - x_1' \\ \Delta y_3' = y_3' - y_1' \end{cases}$$

点 $(\Delta x_2', \Delta y_2')$ 在经过旋转 $-\theta$ 后,新的位置为:

$$\Delta x_2'' = \Delta x_2' \cos(-\theta) - \Delta y_2' \sin(-\theta) \quad (11.21)$$

$$\Delta y_2'' = \Delta x_2' \sin(-\theta) + \Delta y_2' \cos(-\theta) \quad (11.22)$$

同理:

$$\Delta x_3'' = \Delta x_3' \cos(-\theta) - \Delta y_3' \sin(-\theta) \quad (11.23)$$

$$\Delta y''_3 = \Delta x'_3 \sin(-\theta) + \Delta y'_3 \cos(-\theta) \tag{11.24}$$

由点之间的缩放关系可得：

$$Z_x = \frac{\Delta x''_2}{\Delta x_2} = \frac{\Delta x''_3}{\Delta x_3} \tag{11.25}$$

$$Z_y = \frac{\Delta y''_2}{\Delta y_2} = \frac{\Delta y''_3}{\Delta y_3} \tag{11.26}$$

则可得：

$$\frac{\Delta x'_2 \cos(-\theta) - \Delta y'_2 \sin(-\theta)}{\Delta x_2} = \frac{\Delta x'_3 \cos(-\theta) - \Delta y'_3 \sin(-\theta)}{\Delta x_3}$$

$$\tag{11.27}$$

简化移项可得：

$$-\theta = \arctan\left(\frac{\Delta x'_2 \Delta x_3 - \Delta x_2 \Delta x'_3}{\Delta y'_2 \Delta x_3 - \Delta x_2 \Delta y'_3}\right) \tag{11.28}$$

求得旋转角度 θ 后，可求出 $\Delta x''_2$、$\Delta y''_2$、$\Delta x''_3$ 和 $\Delta y''_3$，带入方程求出 (Z_x, Z_y)。

在提取出原始特征点模板与攻击后特征点模板的对应集 $\{Mh_i\}$ 后，就可以利用这些对应的特征点校正水印的同步性，具体过程如下。

Step1. 在匹配点集 $\{Mh_i\}$ 中选一点作为几何变换原点，假设选取 $i=1$ 点作为形变中心，则取出 $i+1$ 和 $i+2$ 两组对应点，利用前述方法求出 $(\theta_j, Z_{x,j}, Z_{y,j})$，$j=1,2,\cdots,\bar{\omega}-2$。

Step2. 遍历 $\{Mh_i\}$ 中所有点对，求出一系列 $\{(\theta_j, Z_{x,j}, Z_{y,j}), j=1,2,\cdots, \bar{\omega}-2\}$，然后在多个所取得的值中求出 $\max\{\theta | \theta = \theta_j\}$，$\max(Z_x | Z_x = Z_{x,j})$ 和 $\max(Z_y | Z_y = Z_{y,j})$。

Step3. 求出图像所经历的变换后，就可以对其进行逆变换，恢复图像点之间对应的坐标关系。

Step4. 平移攻击的校正。以选取的几何变换原点作为平移中心，图像随该点移动到原始位置。

11.4.4　水印嵌入

在研究 Contourlet 特性的理论基础上，提出了将水印信号自适应地嵌入到 Contourlet 变换域相同带内坐标中纹理最丰富的位置，具体过程如下。

Step1. 对载体图像做 Contourlet 变换。

Step2. 水印嵌入位置的确定。水印嵌入位置的选择应折中鲁棒性与透明性之间的矛盾。将水印嵌入在逼近子带,则具有很好的鲁棒性,但透明性差;嵌入到高频纹理子带则反之,所以选择低频纹理子带(即最高阶方向子带)作为水印嵌入区。又因为人眼对纹理具有很好的掩蔽特性,所以在各子带的相同带内坐标中选择纹理最丰富的位置作为水印嵌入位置。根据各级子带间的多分辨率特性,可以通过对应高频区域的纹理状况确定该点对应区域的纹理分布。但越是高频,其系数对噪声等图像处理攻击越是敏感,所以根据下一级方向子带对应区域的纹理状况来选择水印嵌入的位置。

$$T_{l,d}(x,y) = \mathrm{Var}\left\{C_{l-1,d}(2x+g_x,2y+g_y)\right\}_{g_x=0,1; \, g_y=0,1} \tag{11.29}$$

其中,(x,y) 表示带内坐标,Var 表示方差,$C_{l-1,d}$ 表示对应下一级方向子带,方差 $T_{l,d}$ 越大则该点所对应的区域纹理越丰富。

Step3. 按照 11.4.1 节的方法把水印自适应嵌入到由 Step2 所选择的嵌入位置中。

Step4. 水印嵌入后,做 Contourlet 逆变换,最后按 11.4.1 节所示方法在含水印的图像中提取原始特征点集 $\{f_k\}$ 和特征矢量集 $\{\vec{\nu}_k\}$。

11.4.5 水印检测

水印检测总体上是嵌入的逆过程,无需原始图像,具体过程如下。

Step1. 对待检测图像 I' 用 11.4.1 节方法提取特征点集 $\{f'_k\}$ 和特征矢量集 $\{\vec{\nu}'_k\}$,对应原始特征点集 $\{f_k\}$ 和原始特征矢量集 $\{\vec{\nu}_k\}$,按 11.4.3 节的方法校正几何形变,实现水印的重同步。

Step2. 进行与水印嵌入阶段相同的 Contourlet 变换,并在最高阶各方向子带中搜索,获得水印嵌入位置。

Step3. 检测待检测方向子带与水印 W 的相关性:

$$\rho = \frac{1}{M'_{l,d}N'_{l,d}} \sum_{x=1}^{M'_{l,d}} \sum_{y=1}^{N'_{l,d}} C'_{l,d}(x,y)W(x,y) \tag{11.30}$$

11.4.6 实验结果

为了评价水印算法的性能,本节选用原始载体 $512 \times 512 \times 8b$ 标准灰度图像 Lena、Baboon 和 Peppers 进行各种测试。仿真实验中,首先对输入图像

进行 $l=3,\lambda=4$ 的 Contourlet 变换,按 11.4.3 节水印嵌入算法,将水印 W 嵌入到 B_3 的 16 个方向子图像中能量最大的子带图像中。图 11.22 给出了嵌入水印后的标准图像 Lena、Baboon 和 Peppers,图 11.23 给出检测时从含水印图像中提取的特征点。实验结果表明,嵌入水印的图像峰值信噪比都为 50dB,有很好的透明性,并且检测时能够完全准确地检测出水印和特征点。

(a) Lena(PSNR=49.80dB)　　　(b) Baboon(PSNR=49.96dB)　　　(c) Peppers(PSNR=49.90dB)

图 11.22　水印嵌入结果

(a) Lena　　　　　　　　(b) Baboon　　　　　　　(c) Peppers

图 11.23　从含水印的图像中提取特征点($\omega'=20$)

图像在传播过程中最经常遭受到 JPEG 攻击,图 11.24 给出了本节算法和 Lu W. 等[9]算法对测试图像 Lena 随 JPEG 压缩质量的变化检测出特征点匹配率的对比。从图中很容易看出,当 JPEG 压缩质量大于 20 时,本节算法都能从攻击后的图像中 100% 准确地提取出特征点。

对含水印图像进行高斯低通滤波、高斯噪声、椒盐噪声和中值滤波等常见的图像处理攻击。图 11.25 和图 11.26 分别给出了本节算法和 Lu W. 所提算法对测试图像 Lena 在高斯低通滤波和高斯噪声攻击后提取特征点的匹配率对比。表 11.2 给出了部分测试结果。实验结果表明,算法对常见图像处理攻击具有很高的鲁棒性。

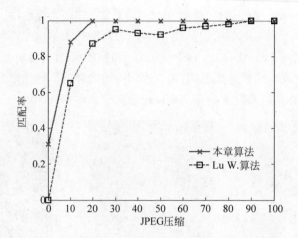

图 11.24　遭受 JPEG 攻击后提取特征点的匹配率

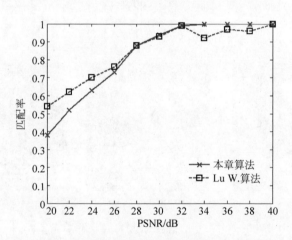

图 11.25　高斯低通滤波攻击后提取特征点的匹配率

表 11.2　图像处理攻击后图像提取的特征点和 PSNR

攻 击 方 式	匹配/检测点/个 [PSNR/dB]		
	Lena	Baboon	Peppers
高斯噪声	8 /20 [20.1]	10/20 [20.1]	6 /20 [20.2]
椒盐噪声	20/20 [25.4]	20/20 [25.6]	20/20 [25.2]
低通滤波	15/20 [25.6]	16/20 [24.6]	15/20 [25.6]
中值滤波	20/20 [36.4]	18/20 [23.7]	19/20 [33.2]

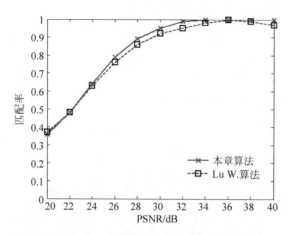

图 11.26 高斯噪声攻击后提取特征点的匹配率

算法有效性的关键是 Harris-Laplace 检测算子提取特征点的鲁棒性,实验中对多幅不同类型的图像在旋转和等比例缩放攻击下,所提取特征点的匹配率进行测试,实验结果如图 11.27 和图 11.28 所示。实验结果表明,所提取的特征点对几何攻击具有较好的鲁棒性。

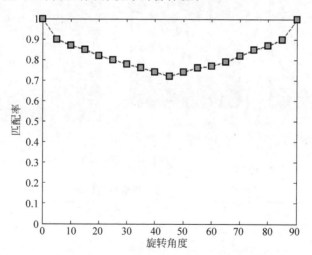

图 11.27 提取的特征点对旋转攻击的鲁棒性能

常见的几何攻击包括旋转、缩放、平移、行列移除等,我们对含水印图像进行上述各种攻击之外,还进行了几种组合攻击。实验结果表明,算法对常见的几何攻击具有很好的鲁棒性。图 11.29 和表 11.3 给出了部分几何攻击

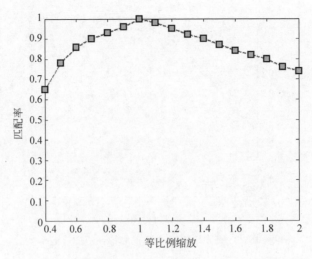

图 11.28　提取的特征点对等比例缩放攻击的鲁棒性能

的实验结果(均能正确检测出水印)。

(a) 缩放(0.6, 0.8)　　　(b) 缩放0.8+旋转−60°　　　(c) 旋转−30°

图 11.29　几何攻击实验结果图

表 11.3　部分几何攻击实验结果

攻 击 方 式	匹配/检测点/个		
	Lena	Baboon	Pepper
缩放 0.6	19/20	19/20	19/20
缩放 0.8	19/20	20/20	19/20
缩放 1.5	20/20	20/20	19/20
缩放(2.0, 0.8)	15/20	16/20	15/20
缩放(0.6, 0.8)	18/20	18/20	18/20

续表

攻击方式	匹配/检测点/个		
	Lena	Baboon	Pepper
缩放(2.0,1.6)	18/20	18/20	18/20
缩放(0.6,1.6)	16/20	17/20	16/20
旋转5°	19/20	19/20	19/20
旋转15°	18/20	18/20	18/20
旋转30°	16/20	17/20	16/20
旋转45°	15/20	16/20	15/20
旋转90°	20/20	20/20	20/20
缩放1.2＋旋转30°	13/20	14/20	13/20
缩放0.8＋旋转60°	15/20	14/20	13/20
平移 $t_x=-20,t_y=20$	20/20	20/20	20/20
剪切2%	20/20	20/20	20/20

11.4.7 讨论

基于特征点模板的 Contourlet 域抗几何攻击水印算法具有以下几个特点。

(1) 选择 Contourlet 变换域最高阶方向子带中的相同带内坐标中纹理最丰富的位置作为水印嵌入,水印被嵌入到最高阶整个子带中。在水印嵌入时,按照嵌入点在低频对应位置的能量和高尺度同方向子带对应位置的纹理信息,自适应地调整水印嵌入强度。这样,在水印嵌入位置的选择和嵌入策略上均协调了透明性和鲁棒性之间的矛盾,算法具有很好的透明性和鲁棒性。

(2) 利用改进的 Harris-Laplace 算子提取特征点和特征尺度,充分结合 Harris 算子提取的特征点鲁棒性高和 LOG 在尺度空间易取得极值的特性,在确保特征点高鲁棒的前提下,大大加快了运算时间;并且特征区域随着图像的变化而变化,能够抵抗旋转、平移等几何攻击,且对不等比例缩放攻击具有较好的鲁棒性。

(3) 图像校正只需要计算变换前后点之间的对应变换关系,计算简单。

小结

Contourlet变换是一种真正意义上的图像二维表示方法,具有良好的多分辨率、局部化与方向性等特性。在本章中首先对Contourlet变换的基本结构和特性做了简单的概述,在此基础上提出了以下两种基于Contourlet变换的鲁棒性水印算法。

(1)提出了基于Contourlet域的自适应水印算法,算法充分利用人眼的掩蔽特性,水印被自适应地嵌入到由Contourlet变换所提取的方向纹理区域。实验结果表明,所提出的自适应水印算法具有较好的鲁棒性与透明性。

(2)提出了基于特征点模板的Contourlet变换域的抗几何攻击水印算法,算法采用以图像特征点作为匹配模板,克服了以往模板匹配水印算法需要嵌入额外的模板信息,导致图像透明性不足的缺点;同时也克服了基于图像特征点的第二代水印嵌入信息量不足的缺点,水印被自适应地嵌入到由Contourlet变换所提取的方向纹理区域。实验结果表明,所提出的水印算法不仅具有较好的透明性,且对常规图像处理攻击及几何攻击具有较好的鲁棒性。

参考文献

1. 焦李成,谭山,刘芳. 脊波理论:从脊波变换到Curvelet变换[J]. 工程数学学报,2005,22(5):761-773.
2. Minh N D, Martin V. Contourlets: a new directional multiresolution image representation[J]. Signals,Systems and Computers,2002,1:497-501.
3. 焦李成,孙强. 多尺度变换域图像的感知与识别:进展和展望[J]. 计算机学报,2006,29(2):177-193.
4. Minh N D,Martin V. Framing pyramids[J]. IEEE Transactions Signal Processing,2003,51(9):2329-2342.
5. Bunt P J,Adelson E H. The laplacian pyramid as a compact image code[J]. IEEE Transactions on Communications,1983,31(4):532-540.
6. Bamberger R H,Smith M J T. A filter bank for the directional decomposition of images theory and design[J]. IEEE Transactions Signal Processing,1992,40(4):882-

893.

7. Minh N D, Martin V. The contourlet transform: an efficient directional multiresolution image representation[J]. IEEE Transactions on Image Processing, 2005, 14(12): 2091-2106.

8. Mikolajczyk K, Schmid C. Scale & affine invariant interest point detectors[J]. International Journal of Computer Vision, 2004, 60(1): 63-86.

9. Lu W, Lu H T, Chung F L. Feature based watermarking using watermark template match[J]. Applied Mathematics and Computation, 2006, 177(1): 377-386.

第 12 章　视频水印技术简介

12.1　引言

近年来随着大量的视频消费产品的出现,如 VCD(Video Compact Disc)、DVD(Digital Versatile Disc)和 EVD(Enhanced Versatile Disc)等,特别是高清数字电视的迅猛发展,使得视频水印作为数字产品版权保护技术的市场需求更为迫切。视频数字水印技术研究滞后的原因是其算法的设计和实现的难度相对较大。具体来说,视频本身具有不同于静止图像的诸多特性,如过多的数据冗余、运动区域与非运动区域的分布不平衡等,且包括时间域掩盖效应等特性在内的更为精确的人眼视觉模型尚未完全建立,同时现有的标准视频编码格式又造成了已有水印技术引入上的局限性。而且视频水印算法在实际应用中经常有实时和接近实时的限制,与静止图像水印相比较,低计算复杂度成为首要的要求。此外,由于一些针对视频水印所特有的特殊攻击形式(如帧删除、插入和重组等)的出现,为视频水印提出了一些区别于静止图像水印的独特要求。视频水印技术具有很广阔的应用领域,如 DVD 版权保护、VOD(Video on Demand)视频点播系统和卫星数字视频传输等,但目前此技术的研究还不够充分,还有很多技术问题没有得到很好的解决。

因此,视频水印技术作为一种数字产品的版权保护方法正受到国际上越来越多的重视。视频水印技术是当前数字水印技术研究方向中的一个热点和难点,大量消费类数字视频产品的推出,使得以数字水印为重要组成部分的数字产品版权保护技术的市场更加迫切;另一方面虽然数字水印技术近几年得到长足的发展,但是主要方向集中在静止图像的水印技术,在视频水印的研究方面,由于包括时间域掩蔽效应等特性在内的更为精确的人眼视觉模型尚未完全建立,使得视频水印技术相对图像水印技术发展滞后,同时现有的标准视频编码格式也造成了水印技术引入上的局限性:一些视频水印的特殊攻击方式(帧重组、帧平均等)给视频水印提出了一些区别于静止图像的特殊要求。

12.2 视频水印技术相关概念

12.2.1 视频水印技术的基本特点

从应用角度上讲,数字视频水印技术相比静止图像应该是更有发展前景的数字水印技术。视频序列是由一系列连续和等时空距离的静止图像构成,所以视频数字水印应该具有静止图像数字水印的一般特征,例如安全性、可靠性、鲁棒性、不可感知性,还要有视频水印所特有的特点。

(1) 实时处理性:水印嵌入和提取都应该具有低的复杂度。

(2) 随机检测性:可以在视频的任何位置、短时间内(不超过几秒)检测出水印。随机检测性比实时性有更高的要求:一个水印方案是实时的,但是如果只能从视频的开始位置按照播放顺序一步步检测出水印,则不具有随机检测性;如果跳转到视频的任何一个位置,也能够在很短的时间内检测出水印,则具有随机检测性。

(3) 与视频编码标准相结合:视频由于数据量大,在存储、传播中通常先要对其进行压缩,现在常用的视频数据压缩编码标准有 MPEG1,MPEG2 和 MPEG4。如果是在压缩视频中嵌入水印,很显然与视频的压缩编码标准相结合;如果是在原始视频中嵌入水印,由于水印嵌入是利用视频的冗余数据来携带信息的,而视频压缩编码需要除去视频中的冗余数据,如果不考虑视频压缩编码标准而盲目地嵌入水印,则嵌入的水印很可能在编码过程中完全丢失了。

(4) 盲水印方案:若在检测时需要原始宿主信号,则称为非盲水印。使用原始宿主信号,更有利于检测和提取水印,但是,检测时用到原始宿主信号容易暴露给恶意攻击者。而且,在某些应用中,并不能获得原始的宿主信号,即使获得原始信号,但是由于数据量大,要使用原始信号也是不现实的,对于视频数据来说,这一点尤为突出。因此,盲视频水印技术是研究的重点。

（5）高鲁棒性：对于视频数据，还存在一些特有的处理和攻击方法，必须保证水印方案对这些处理和攻击的鲁棒性。对视频的任何处理，只要没有将现有的视频破坏到失去使用价值的地步，都不应该破坏到嵌入的水印。针对视频的各种处理和攻击有以下几种。

无意的攻击：采用各种压缩编码标准等对视频编码；在 NTSC、PAL、SECAM 和通常的电影标准格式之间转换时所带来的帧速率和显示分辨率的变化，以及屏幕高宽比的改变；帧删除、帧插入、帧重组等视频编辑处理；数模、模数转换，如录制在模拟录像带上时，在转换中给视频可能带来的影响包括滤波、添加噪声、对比度轻微改变，以及轻微的几何失真等。

有意的攻击：对于单个视频帧，针对静态图像的攻击一般仍然有效；对于连续的帧，这里介绍两种攻击方法——统计平均攻击和统计共谋攻击。统计平均攻击是对局部连续的帧求平均，以消除水印。这种攻击对于在各帧中嵌入随机的、统计独立的水印方案比较有效。在共谋攻击中，从单个帧中估计出水印，并在不同的场景中求平均以取得较好的精确度。接着从每帧中减去估计的水印，这种攻击对于在所有帧中嵌入相同的水印方案比较有效。因此必须考虑各种可能的攻击处理，来实现一个较好的水印方案。

12.2.2　视频水印技术的分类

从总体上说，数字视频水印技术大都是从水印的嵌入、提取角度出发进行研究。一般来说，视频水印有三个水印嵌入和提取位置，即非压缩的原始视频中，MPEG 编码过程中和压缩后的视频流中。所以，按水印嵌入域分类可将视频水印划分为非压缩域视频水印、编码域视频水印和压缩域视频水印三类。

第一类：将水印信息直接嵌入到原始视频中[1-3]，形成含水印的原始视频信息，然后进行 MPEG 视频编码。其优点是可以利用某些现有的静止图像水印算法，且不影响现有 MPEG 编、解码器的使用，这种方法的最大优点就是可以抵御编码方式变换的攻击。其缺点是嵌入水印信息后，会增加视频码流，而且水印解码也必须将压缩视频流还原为视频图像流，大大增加了水印算法的时间复杂度。

第二类：将嵌入过程引入到 MPEG 编码器中[4-6]。这一方案虽然增加了引入水印算法的局限性，并且一旦水印信息嵌入到编码码流中，在上述编解码过程后可能对视频信号质量产生不良影响，但是，由于该方案一般是通过调制 DCT 变换或量化之后的系完成信息嵌入过程,因此便于通过自适应的机制分配隐藏信息到视频信号之中,并依据人的视觉特性进行调制,在得到较好的主观视觉质量的同时得到较强的抗攻击能力;另一方面,由于这种嵌入策略实现较为容易,因此受到一些研究者的重视。

第三类:将水印信息嵌入到 MPEG 压缩码流中[7-9],其最大的优点在于不需完全解码和再编码过程,因此造成的对视频信号的影响较小。但视频系统对视频压缩码率的约束将限制水印的嵌入信息量,同时可能对运动补偿环路造成影响,为抵消这一影响采取的措施明显增加了该算法的复杂度。

12.2.3　视频水印的攻击方式

按照对水印化视频流的操作目的不同,对水印的攻击可以分为无意的攻击和有意的攻击。

1. 各种非恶意的视频处理

视频数据是一种特殊的多媒体数据,在传输、存储或播放过程中,会经过许多特定的视频处理。设计视频水印算法,不能不考虑这些不影响视频内容的非恶意处理。和静态图像水印相比,视频水印可能经受的处理要多得多,而且这些视频处理在应用中都是必要的。

Photometric 处理:这一类处理包含所有导致视频帧像素发生改变的正常操作,例如在视频数据传输过程中可能引入的噪声导致视频像素的细微改变。同样地,在视频数据的数字模拟之间相互的转换过程中也会导致视频信号的些许失真。另外一个常见的处理就是为增大对比度使用的 iamma 校正。

视频编辑:随着视频制作和处理技术的发展,视频编缉已成为视频产品商业化中必不可少的环节。例如,剪切结合和剪切后插入内容再结合都是运用得很多的视频编缉处理。在插播广告时,需要用到剪切插入结合技术在一段电视节目中插入广告视频内容。视频节目制作中,两段视频场景的衔接转换需要 fade-and-dissolve、wipe-and-matte 等视频效果处理技术,目的是使之间的过渡切换显得更自然和平滑。以上处理可看作时间上的视频编缉,空间上的编辑处理则是指在视频流的每一帧中加入额外的视觉内容。这些包括图像覆盖如字幕、标识的插入,或者是画中画之类的一些技术。视频编缉技术对视频水印的影响很大,现有的大部分视频水印技术的性能会遭到破坏。

另一方面,为适应视频数据传输和减少存储中的数据量,会采用重编码等转码操作;由于压缩率发生了改变,会引入一定的像素失真,这对于事先加入的视频水印信号的性能会产生影响。还有不同视频标准之间的转换,例如 MPEG1、MPEG2 或者 MPEG4 到目前流行的网络流媒体视频标准 H.264/AVC 等,也同样会造成视频像素的改变。为修复低质量的视频信号,会考虑采用视频帧内和帧间的滤波。其次,色度重采样也是降低视频存储量的重要处理方法。以上这些正常的视频处理操作均会或多或少地改变视频像素值,对视频水印产生一定影响。

2. 有意的攻击

有意的攻击大致可分成以下 4 类。

1) 简单攻击

简单攻击指简单地通过对整个加水印数据的处理,而不是去识别并分离水印,旨在削弱水印信号。典型的例子包括线性和非线性滤波,诸如 JPEG 和 MPEG 等有损压缩、附加噪声、量化、D/A 转换、Gamma 校正等。

2) 同步攻击

同步攻击包括空间去同步(几何失真)攻击和时间去同步攻击,旨在试图破坏水印的相关性,使得水印检测器无法恢复水印信号。

空间去同步:许多视频水印的嵌入和提取的对应关系是严格地基于视频信息空间结构上的同步的。这一点和大多静态图像水印技术对于二维空间位置的敏感性是一致的,例如常见的比例缩放、旋转、剪切、移去或加入像素阵等攻击。

时间去同步:视频信息在时间方向上的去同步处理同样会影响视频水印信号。这种情况一般是由于视频帧率的改变而导致的。例如,一个视频水印系统的密钥机制在每一帧加入水印信息时都采用不同的密钥,如果视频帧率发生了改变的话,密钥序列和每一视频帧对应的关系就被打乱。这样,视频水印的提取会因错误的密钥而失败。

3) "混淆"攻击

通过伪造原始数据或伪造水印数据而造成混淆,使得原来的水印不能被验证出来。这种攻击仅在水印作为版权证明时有用。

4) 共谋攻击

共谋攻击是在静态图像水印算法中已经考虑到的一种特殊水印攻击。

它是指一个恶意的使用者群通过共享他们的信息(如不同的加水印数据),来产生非法的内容(如不含水印的数据)。共谋攻击将在两种截然不同的情况下有成功的可能性。

视频间共谋:一个拥有加水印视频产品的使用者群互相勾结以获得一个不加水印的视频对象。例如,在视频版权保护应用中,相同的版权水印被加入到该版权所有的不同的视频产品,因此遭受共谋攻击的风险较大。视频间共谋要求拥有大量加入相同水印的不同视频产品副本,或者是加入不同水印的相同视频产品的副本,目的是获得不含水印的视频内容。

视频内共谋:这是视频水印对象中才会出现的情况。我们知道,视频序列可以看作一个连续的静态图像序列。如果相同的视频水印加入到每一视频帧,在同一视频内遭受共谋攻击的风险也较大,这是因为视频内存在大量的内容不同的视频帧(可从场景运动剧烈的视频中获取);另一方面,如果不同的水印加入连续的视频帧中,则遭受共谋攻击的风险也会较大。这是因为连续的视频帧具有高度相似性,几乎可以看作是相同的(尤其是在静止场景中)。因此,视频内共谋是设计视频水印时要考虑到的特殊情况。

12.2.4 视频压缩编码国际标准

近年来,计算机和通信技术的长足进步带动了为存储和传输诸如图像和视频序列等可视信息的数字技术的发展。这种以几何级数增长的可视数据要进行存储和传输,就带来了对数据压缩技术的巨大需求。但是因为网络和用户的不同,对视频质量要求也不尽相同,所以需要根据实际情况采用恰当的编码控制。目前几种通用的国际压缩标准,例如 H.26x 系列和MPEG 系列就是在这个背景下产生的。下面简要介绍这几种不同的压缩编码标准。

1. H.261 标准

H.261 是国际电信联盟(ITU-T)针对在综合业务数字网上展开双向声像业务(可视电话、视频会议等)而制定的。它的速率为 64kb/s 的整数倍,其倍数取值为 1~30。H.261 只能处理 CIF 和 QCIF 两种图像格式。每帧图像又被细分为图像层、宏块组层、宏块层和块层进行处理。同时其又采用两种编码模式:帧内编码模式和帧间编码模式。在帧内编码模式下,把图像分为 8×8 大小的数据块进行 DCT 变换,然后对变换系数进行 Zig-Zig 扫描重排,量化最终对量化后的 DC 系数进行预测编码＋AC 系数游程编码＋AC 系数霍夫曼(Huffman)实现压缩编码；帧间模式则采用 16×16 的宏块和整像素精度进行运动估计,然后将运动估计后的残差图像进行 DCT 变换编码,最后采用与帧内编码相同的方式编码输出。H.261 是最早的视频压缩标准,它详细制定了编码的各个部分,包括运动补偿的帧间预测、DCT 变换、嫡编码,以及与固定信道相匹配的码率控制算法部分。

2. H.263 标准

H.263 是 ITU-T 为低于 64kb/s 的窄带通信而制定的视频压缩编码标准,它来源于 H.261 的改进[7],两者都采用了混合压缩编码算法,经过 VLC 变长编码形成传输码流。为了适应低速率的传输要求,其改进了输入的图像格式、块组结构、运动矢量数据、运动估计的方式、DCT 系数编码、误码的检测和纠正措施并增加了多种可选的模式。图像格式由 H.261 的两种增加到五种:sub_QCIF,QCIF,CIF,4CIF,16CIF。H.263 采用半像素精度运动估计,取值范围是(−16.0,＋15.5)。运动矢量采用差分的方式编码输出。DCT 系数的编码方式由 H.261 的二维变长编码改为三维变长编码 VL(LAST,RUN,LEVEL),其中 LAST 表示是否是最后一个非 0 系数,RUN 表示连 0 个数,LEVEL 表示非 0 系数值。H.261 建议中采用 BCH 码作为误差纠错码,而后者却没有误差检测机制,它对误码的处理是通过外部方式来实现的。H.263 提供的 4 个可选模式包括非限制运动矢量模式、高级预测模式、PB 帧模式、基于语法的算术编码模式。H.263＋和 H.263＊标准 ITU-T 在 H.263 发布之后又修订发布了 H.263 的标准版本 2,这就是 H.263＋标准。它在保证原 H.263 核心句法和语义不变的基础之上,又增加了一些选项来提高压缩效率和改善某方面的功能,如增加了自定义图像尺寸,H.263 采用了先进的帧内预测模式——增强的 PB 帧模式来改进 H.263 的不足等[8,9]。

12.2.5 MPEG 标准系列

1. MPEG1 标准

MPEG 的任务是开发运动图像及其声音的数字编码标准。MPEG1 标准于 1993 年 8 月公布,用于 1.5Mb/s 数据传输率的数字存储媒体运动图像及其伴音的编码[10]。其主要应用于 CD-ROM、数字录音带、计算机硬盘等。传输信道可以是 ISDN 和 LAN 等。MPEG1 标准完成的基本任务就是质量适当的图像(包括伴音)数据必须成为计算机数据的一种,和已有的数据(如文字、绘图等数据)在计算机内兼容,并且这些数据必须在现有的计算机网络和广播电视等通信网络中兼容传输。

2. MPEG2 标准

MPEG 组织于 1994 年推出 MPEG2 压缩标准,以实现视/音频服务与应用互操作的可能[11],MPEG2 标准是针对标准数字电视和高清晰度电视在各种应用下的压缩方案和系统层的详细规定,编码码率为 3Mb/s～100Mb/s,特别适用于广播级数字电视的编码和传送,被认定为 SDTV 和 HDTV 的编码标准。

3. MPEG4 标准

MPEG4 于 1998 年 11 月公布,是主要针对数字电视、交互式绘图应用、交互式多媒体存储等整合和压缩技术而制定的国际标准[12]。其在一个框架内集合了众多的多媒体应用,目标就是为多媒体通信及应用环境提供标准的算法和工具,建立一种可用于多媒体传输、存储和检索等应用领域的统一数据格式。

4. MPEG7 和 MPEG21 标准

MPEG7 于 1998 年 10 月提出,于 2001 年最终完成。准确地说,MPEG7 并不是一种压缩编码方法,而是一个多媒体内容描述接口。继 MPEG4 之后,要解决的矛盾就是对日渐宠大的图像、声音信息的管理和迅速搜索。MPEG7 就是针对这个矛盾的解决方案。MPEG7 力求能够快速且有效地搜索出用户所需的不同类型的多媒体影像资料,例如在影像资料中搜索有长城的片段。MPEG21 由 MPEG7 发展而来,其被称为"多媒体框架"(Multimedia Framework)。它的功能主要是提供一种多媒体信息整合和协调的方案。

12.2.6 视频水印技术的应用领域

目前数字水印技术的应用主要包括以下几个方面。

1. 版权保护

随着互联网和电子商务的迅猛发展,互联网上的多媒体信息急剧膨胀,数字化多媒体产品也可通过下载的方式从网上直接购买。如何有效地保护这些数字产品的版权就成为一个极其关键的问题,也是数字水印技术研究的主要推动力。

2. 违反者追踪

数字水印也用于监视或追踪数字产品的非法复制,这种应用通常称作"指纹"(Fingerprinting)。

3. 防止非法复制

在媒体的录放设备的设计中应用图像水印技术,当录放设备工作时,检测媒体上是否有水印存在,以决定该媒体应不应该被录放,从而拒绝非法复制媒体的流行和使用。同样的原理也可用于广播、电视、计算机网络在线多媒体服务中的听、看、访问权限的控制。现今世界各大知名公司如 IBM、NEC、SONY、PHILIPS 等,都在加速数字水印技术的研制和完善。

4. 保密通信

可以把需要传递的秘密信息嵌入可以公开的图像中。由于嵌入秘密信息的图像在主观视觉上并未发生变化,察觉到秘密信息的存在是不大可能的。从这个意义上讲,传输秘密信息的信道也是秘密的。这将有效地减少遭受攻击的可能性。同时,由于信息的嵌入方法是秘密的,如果再结合密码学的方法,即使敌方知道秘密信息的存在,要提取和破译该信息也是十分困难的。

5. 多语言电影系统和电影分级

利用图像隐形水印技术,可以把电影的多种语言配音和字幕嵌入到视频图像中携带,在保证图像视觉质量不受影响的情况下节省了声音的传输信道。与此类似,把电影分级信息嵌入到图像中,可以实现画面放映的控制,从而实现电影的分级播放。

12.3　视频水印算法回顾

1. 基于非压缩域视频水印算法

基于非压缩域视频水印算法是指在未经压缩的原始视频中嵌入水印,水印嵌入与视频编码格式无关。这种方案可以充分利用静止图像的水印技术,结合视频图像的结构特点,形成适用于视频的水印方案。这类算法的优点是水印算法比较成熟,静止图像水印的许多思想方法,如扩频、人类视觉模型、图像自适应等都可以应用到视频水印系统中。但这种方案也有明显的缺点:即会增加视频码流的数据比特率,影响视频速率的恒定性;嵌入水印后的视频数据经压缩编码后有可能丢失水印;对于已压缩的视频,需要先进行解码,嵌入水印后再重新编码,增加了计算的复杂性并降低了视频的质量。

基于非压缩域视频水印算法按照水印信息嵌入过程又可分为两类:一类是将水印信息直接嵌入在原始视频帧的空间域中;另一类是将空间域视频图像经一定变换后,在变换域进行水印信息的嵌入,再经过反变换回到空间域。相比第一类方法更为直接,实现的算法复杂度也较低,第二类方法可以更为充分地利用人眼视觉特性完成水印信息的嵌入,使嵌入的水印信息更具抗攻击能力。但由于存在一个相应的变换和反变换运算,使整体算法复杂度加大。

凌贺飞等[10]把水印信息直接嵌入到 DCT 块的数据域中,通过在感知范围内修改 DCT 块的中低频系数来调制块能量。在调制过程中,利用 Watson视觉感知模型推导出一条准则,用于限制 DCT 系数的修改幅度。该算法具有较大的水印容量,可以实现在 512×512 图像中嵌入 2048b。高崎等[11]把水印分成标志水印和信息水印两个部分,从一段原始视频里随机选出若干视频帧,在这些视频帧的像素平面亮度分量上固定的位置嵌入标志水印。再根据密钥选取其他若干图像块,在其 DCT 直流系数中嵌入水印信息,然后在整段视频的每一小段中重复嵌入。提取水印时,只需从整段视频中截取足够包含完整信息水印的小段视频,通过搜索标志水印快速地选出包含水印信息的帧。杨列森等[12]通过分析发现,视频帧间 DCT 中频能量关系对于光度失真和空间同步失真的具有近似不变性。基于这种近似不变性,他提出了一种可以根据人类视觉系统特性自适应嵌入的鲁棒视频水印算法。

Rathore S. A. 等[13]提出了一种基于 DWT 域的高鲁棒高不可见性的视频水印算法,为了提高水印的不可见性,水印被自适应地嵌入到 DWT 域的高频子带系数中。为确保鲁棒性,水印图像嵌入前进行加密并利用纠错编码机制对水印进行编码,再利用密钥选择嵌入位置,另外把嵌入水印的帧数量作为一种边信息嵌入。Yang G. B. 等[14]提出了一种基于遗传算法的 DWT 域视频水印算法,首先把视频按照场景变换分割成一个个场景,把视频帧变换到 DWT 域,水印按位平面分解,并进行置乱加密。水印被嵌入到 DWT 域的中频子带系数上,并通过遗传算法改善嵌入水印视频帧的视觉效果。Lu A. Q. 等[15]提出了一种基于错误纠正编码和 HVS 新颖的自适应视频水印算法,水印嵌入前用 Arnold 变换进行置乱并纠错编码。视频基于 HVS 进行场景分割,然后进行 3D-DWT 变换,水印被自适应地嵌入到 DWT 域中。

Deguilaume 等[16]在视频序列的三维离散傅里叶变换域(3D-DFT)中嵌入水印。首先将视频序列划分为连续长度固定的帧序列,水印嵌入或提取分别在每个序列上重复进行,每个序列中嵌入相同的信息。水印嵌入时,将水印信号编码成扩频信号,对视频序列进行 3D-DFT 变换,选择 DFT 系数的中频部分来嵌入水印。Liu Y. 等[17]同样在视频序列的三维离散傅里叶变换域中嵌入水印。首先利用帧之间直方图差把视频序列分割成一个个场景,场景中的视频帧在时间轴上进行 DFT 变换,再把一个随机产生的水印序列自适应地嵌入到 DFT 变换域的中频系数中。

2. 基于压缩域视频水印算法

基于压缩域的视频水印算法一般结合编码技术,利用在视频压缩编码过程中产生的多种编码特征来控制水印信息的嵌入或者传递水印信息。这种算法的优点是没有解码和再编码的过程,因而不会造成视频质量的下降,同时计算复杂度较低。其缺点是由于压缩比特率的限制而限定了嵌入水印数据量的大小,嵌入水印的强度受视频解码误差的约束,嵌入策略受相应视频压缩算法和编码标准的限制。

同样,按照水印嵌入位置可以分成两类:第一类是水印嵌入算法与视频编码系统相结合,把水印内嵌于视频压缩编码器之中,利用视频编码过程中产生的信息实现水印信息的嵌入。该类方法的优点是水印嵌入后无须考虑在压缩过程中的生存问题。第二类是直接将水印信息嵌入到压缩编码后的数码流中。这类水印技术的最大优点是不需要编码与解码的过程,可以满足实时性的要求。但对于编码系统而言,编码器码率控制的约束将限制水印的嵌入量。难点是在水印的嵌入过程中,水印必须分辨码流的结构,找到视频码流的合适位置进行水印的嵌入,并保证水印的嵌入不能影响到压缩码流的正常解码。基于压缩域视频水印算法的缺点是水印的嵌入与视频编码器和码流格式相关,如果换一种编码器或码流格式,水印检测将失效。

Kutter 等人在文献[18]中首次提到了基于运动矢量的视频水印方案。该方案主要通过对运动矢量进行细微的修改,利用运动矢量横坐标与纵坐标值和的奇偶性来起到嵌入水印信息的效果。这个方案在水印提取时也相当简单,只需要通过判断相应运动矢量的奇偶性即可得到水印数据。Kutter 等人仅在每帧图像的一个运动矢量中嵌入水印,即每帧插入了 1b 数据。Kung C. H. 等[19]首先对水印信息进行置乱和排序,然后利用文献[18]的方法进行水印信息的嵌入,水印得到了很好的不可见性。Zhang J. 等[20]在文献[18]的基础上认为:一般情况下,模值较小的运动矢量表明参考块与当前宏块的匹配度较高,不应该修改这类运动矢量,水印信息加在模值较大的运动矢量上更为合理,水印信息嵌入方法则与文献[18]相同。针对水印嵌入的位置,Zhang G. D. 等[21]提出了一种通过运动矢量的门限值的计算方法来判别可以嵌入水印的运动矢量,以此降低修改运动矢量对图像造成的影响。郑振东等[22]又提出了一种基于运动矢量区域特征的视频水印方案,利用运动矢量的区域特性来隐藏水印信息的视频水印方案,该算法的最大特点是简单、实用,并且在隐藏水印信息的过程中还可以降低 H.264 编码中运动估计部分的运算复杂度。

Lu C. S. 等[23]提出一种基于均值过滤的变长码域实时视频水印算法。其水印模式是一个零均值、单位方差的高斯噪声序列,其长度与嵌入区域的宏块个数相同。水印嵌入时,如果与当前宏块对应的水印信号符号为正,则该宏块内所有行程码层加 1,否则减 1。水印检测时,根据宏块中所有行程码层均值与整个嵌入区域的行程码层均值的差值,确定对应水印信号值。然后根据检测到的水印与原始水印的归一化相关值,确定水印是否存在。邹复好等[24]提出了一种基于 MPEG2 变长码域实时视频水印算法,利用扩展 m 序的良好均衡性产生稳定的参照点,从而大大提高水印系统的性能。考虑视频水印的实时性要求,即尽量避免一些计算复杂性较高的操作,水印的嵌入和检测过程均在变长码域进行。为了防止视觉质量严重退化,在水印嵌入时采用人眼视觉模型来控制修改幅度。

Langclaar G. 等[25]提出利用 DCT 系数舍弃来构造水印的差分能量水

印算法,这种方法基于在压缩数据流中有选择性地丢弃高频 DCT 系数。该算法首先将视频帧的 8×8 大小的像素块伪随机置乱,这个操作形成算法的密钥,并且该操作对于像素块的统计特性是空域随机的,因此可以去除相邻块的相关性。吴国民等[26]提出了一种基于视觉特征的视频水印技术,通过提出视频图像 DCT 子块的纹理、亮度以及运动等特征,设计一个混合的自适应子块特征抽样模型,并依赖视觉敏感特性构造一个特征统计收敛模型,生成与人的视觉模型相一致的自适应视频水印。向辉等[27]提出了一种 DCT 域的自适应视频水印算法,根据帧分类、运动分类和视频内容将视频数据分类,并根据分类的结果在不同的区域嵌入不同强度的水印,从而提高了视频数字水印的鲁棒性。基于 DCT 系数的压缩视频水印充分结合视频的编码结构,最大的优点是保证了水印处理的实时性,而且易于针对 MPEG 压缩处理预先设置水印的鲁棒性强度。但大多水印算法基于 8×8 的块结构,对于同步攻击(块同步攻击、空间几何变形)比较脆弱。

Zhang J. 等[28]通过自适应相位调制,提出了一种将灰度图像嵌入到 H. 264/AVC 视频流 DCT 域中的鲁棒水印,但其调制参数不易控制,计算量较大。Sakazawas T. 等[29]通过在编码器中加入漂移补偿机制,直接将水印序列嵌入到 H. 264/AVC 比特流中,但过程复杂。单承赣等[30]结合 H. 264/ACV 新编码特性和混合水印机制,通过在视频码流编码的不同阶段分别嵌入鲁棒性水印与脆弱水印。曹华等[31]提出在 H. 264 编码的时候,将鲁棒水印嵌入到 I 帧的预测残差中,再将脆弱水印嵌入到 P 帧的运动向量中,实现版权保护和内容完整性认证的双重目的。该算法嵌入提取水印的计算复杂度很低,能够满足视频实时处理的需要。

12.4　视频水印技术的研究趋势

随着视频水印技术的发展,视频水印技术将有以下几个研究趋势。

(1)研究新的嵌入/提取机制,例如,当视频作品数据量很大、水印嵌入算法比较复杂时,为了提高计算速度,可以在集群计算机上采用并行分布算法计算。

(2)在已有的嵌入位置上,采用新的方法嵌入和提取水印。视频水印一般嵌入在空间域、频率域或压缩域,目前研究的重点是频率域和压缩域,尤其是在压缩视频流中嵌入水印,能更好地和 MPEG 编码特性结合在一起。水印的鲁棒性不但和嵌入位置有关,也与算法的特点有关,因此根据嵌入位置以及人类视觉特性,设计新的算法是提高鲁棒性的一个有效的办法。

(3)研究可应用在互联网视频的低比特率视频水印技术,目前网络也存在许多局限性,包括带宽有限、缺乏 QoS 控制、异构性及随时间变化等特性,网络传输信息的丢失或出错都将可能损坏嵌入的水印,从而降低水印的健壮性,因此研究能够适用于网上视频流传输的视频流水印技术也显得日益迫切。

(4)利用人工智能原理设计智能嵌入算法,自适应地寻找合适的视频部位和嵌入强度,嵌入数字水印。

(5)借鉴其他学科(尤其是通信和数学领域和生物领域)的新技术、新成果,设计出更适合视频特点的水印。

小结

本章首先介绍了视频水印技术的基本特点、视频水印技术分类、视频水印的攻击方式;然后介绍了视频压缩编码国际标准、视频水印技术的应用领域,回顾了目前主流的视频水印算法;最后介绍了视频水印技术的研究趋势。

参考文献

1. 凌贺飞,卢正鼎,邹复好,李瑞轩.基于 Watson 视觉感知模型的能量调制水印算法[J].软件学报,2006,17(5):1124-1132.

2. 高崎,李人厚,刘连山.基于帧间相关性的盲视频数字水印算法[J].通信学报,2006,27(6):43-48.

3. 杨列森,郭宗明.基于帧间中频能量关系的自适应视频水印算法[J].软件学报,2007,18(11):2863-2870.

4. Rathore S A,Gilani S A M,et al. Enhancing invisibility and robustness of DWT based video watermarking scheme for copyright protection[C]. International Conference on Information and Emerging Technologies,Karachi,Pakistan,July 6-7,2007:116-120.

5. Yang G,Sun X M,Wang X J. A genetic algorithm based video watermarking in the

DWT domain［C］. International Conference on Computational Intelligence and Security,Guangzhou,China,October 3-6,2006,2：1209-1212.

6. Lv A Q,Li J. A novel scheme for robust video watermark in the 3D-DWT domain[C]. Chengdu,China,November 1-3,2007：514-516.

7. Deguillaume F,Csurka G,O'ruanaidh J,et al. Robust 3D DFT video watermarking ［C］. Proceedings of SPIE—The International Society for Optical Engineering,San Jose,CA,USA,January 25-27,1999,3657：113-124.

8. Liu Y,Wang D,Zhao J Y. Video watermarking based on scene detection and 3D DFT ［C］. Proceedings of the Fifth IASTED International Conference on Circuits,Signals, and Systems,Banff,AB,Canada,July2-4,2007：124-130.

9. Kutter M,Jordan F,Ebrahimi T. Proposal of a watermarking technique for hiding retrieving/data in compressed and decompressed video［R］. Technical report M2281, ISO/IEC document,JTCI/SC29/WG11,1997.

10. Kung C H,Jeng J H,Lee YC,et al. Video watermarking using motion vector[C]. Proceedings of 16th IPPR Conference on computer vision,graphics and image processing,Taipoi,China,2003：547-551.

11. Zhang J,Li J G,Zhang L. Video watermark technique in motion vector［C］. Computer Graphics and Image Processing, 2001 Proceedings of ⅩⅣ Brazilian Symposium on,Florianopolis,Brazil,October 15-18,2001：179-182.

12. Zhang G D,Mao Y B,Wang Z Q. A video watermarking theme based on motion vectors[J]. Acta Scientiarum Naturalium Universitatis Sunyatseni,2004,43(2)：117- 119.

13. 郑振东,王沛,陈胜.基于运动矢量区域特征的视频水印方案[J].中国图像图形学报, 2008,13(10)：1926-1929.

14. Lu C S,Chen J R,Liao H Y M,et al. Real-time MPEG video watermarking in the VLC domain［C］. In：Proceedings of 16th International Conference on Pattern Recognition. Los Alamitos,CA,USA：IEEE Computer Soc,2002：552-555.

15. 邹复好,卢正鼎,凌贺飞.MPEG2变长编码域实时视频水印[J].计算机科学,2006, 33(7)：147-152.

16. Hanjalic A,Lngelaar G C,et al. Image and video databases：restoration, watermarking and retrieval[J]. Circuits and Devices Magazine,IEEE,2001,17(4)： 37-38.

17. 吴国民,庄越挺,吴飞,潘云鹤.基于视觉特征的视频水印技术[J].计算机辅助设计与 图形学学报,2006,18(5)：715-721.

18. 杨凯,向辉.基于运动、内容和帧分类的自适应视频水印算法[J].中国图像图形学报 2003,(SA)1：621-625.

19. Zhang J,Ho A T S. Robust digital image-in-video watermarking for the emerging H. 264/AVC standard[C]. IEEE Workshop on Signal Processing Systems,SiPS：Design

and Implementation,Athens,Greece,November 2-4,2005,2005：657-662.

20. Sakazawa S,Takishima Y,Nakajima Y. H. 264 native video watermarking method[C]. Proceedings-IEEE International Symposium on Circuits and Systems,Kos Island, Greece,May 21-24,2006：1439-1442.

21. 单承赣,孙德辉.基于 H. 264/AVC 低比特率视频流的双水印算法[J].计算机应用, 2007,27(8)：1922-1925.

22. 曹华,周敬利,徐胜利,苏曙光.基于 H. 264 低比特率视频流的半脆弱盲水印算法实现[J].电子学报,2006,34(1)：40-41.

第 13 章 基于提升方案小波和HVS特性的自适应视频水印算法

13.1 引言

对数字产品的版权保护和信息安全的迫切需求使得数字水印技术成为多媒体信息安全研究领域的一个热点问题。尽管视频序列是由一系列连续和等时空距离的静止图像构成的，但由于视频信息较图像信息具有极大的数据空间，并且帧间存在着内在的冗余信息，这样图像的水印技术很难直接扩展到视频信息上来。此外，与图像水印相比，视频水印除了需要满足静止图像水印的要求外，还有更高的要求，例如一个实用的视频水印应该满足盲检测，同时还应该具有较图像水印更强的鲁棒性。目前，基于小波变换的视频水印研究主要有两个方面：2D-DWT[1-4] 和 3D-DWT[5-7]。Pik Wah Chan 等[1]根据视频的前后两帧的变化，把视频划分成场景（属于同一个场景的视频帧前后两帧的变化很小），从视频流中提取出 m 个场景，并对这 m 个场景图像做 4 阶 DWT 变换；采用灰度水印，置乱并分成 $2^n(2^n \leqslant m)$ 个 64×64 水印分块，对水印按位平面分解成 0、1，然后将水印块嵌入到对应的视频场景的中频系数上。算法的优点是对视频流按场景划分，在同一场景中嵌入同一水印，也就是说对于前后两帧变化很小的情况下嵌入相同的水印，这样增强水印对帧平均攻击的鲁棒性；另一方面，对于不同场景嵌入不同的水印，增强了水印对统计攻击的鲁棒性。算法的不足是对按照位平面嵌入的水印信息没有按照所带的水印信息的重要性进行划分，例如第 8 位比特位它所带的信息是 2^7，而第 1 位比特位所带的信息就只有 2^0，所以重要比特位信息如果丢失，对水印将带来巨大的损失。文献[2]把水印嵌入到 3 阶 DWT 变换后的各个子带中,算法的优点是根据嵌入图像对于不同压缩的质量损失和提取水印的正确率,自适应地调整各个子带的嵌入强度,很好地实现了不可见性和抗 MPEG2 压缩鲁棒性,但是缺点是把视频完全按照静态图像来处理,而充分考虑视频帧之间的相互关系,所以对于帧平均与统计攻击鲁棒性不足。文献[5]同样把视频流划分成多个场景,对场景内的视频帧做 3D-DWT 变换,然后把整个场景作为一个水印嵌入单位。算法的优点是把视频按场景划分,把水印重复地嵌入到多个场景中去。算法的不足对于同一个场景中嵌入的是不同的水印,对于帧平均和帧交换等攻击的鲁棒性较差。

对于视频水印来说,主要的攻击手段包括帧平均和统计分析等,上述水印方法都不能很好地同时满足帧平均与统计分析攻击的鲁棒性,本节提出了一种基于小波域和人类视觉系统的掩蔽特性的视频盲水印算法。算法首先将视频流分割成若干个镜头,并将各镜头中的若干视频帧和灰度水印图像均变换到小波域上,同时对水印子带系数按小波树重新分块并形成位平面序列,并以子带到子带的方式嵌入到视频帧图像小波变换域相应子带的重要系数中,在嵌入过程中充分考虑了 HVS 的掩蔽特性,使得水印的嵌入强度具有自适应特性。实验结果表明,所提出的算法对多种攻击,如 MPEG4 压缩、丢帧、Gaussian 噪声、帧平均等都具有较强的鲁棒性。

13.2　算法概述

在视频压缩中视频图像主要在细节部分发生丢失,即小波变换域中的高频部分或能量较小的部分。另外,在流媒体视频的可分级编码过程中,也总是将各图像的重要信息尽可能地编码在前端,这些重要信息在小波域中则表现为低频子带系数和其他子带中能量较大的系数。因此,为了保证水印的极大鲁棒性,水印信息应嵌入到视频图像的低频子带中。然而,如果视频图像的低频子带中嵌入过多的水印能量,势必会影响到水印的不可见性。为了在水印的鲁棒性与不可见性之间求得一个较好的折中,本章所提出的算法首先把水印图像变换到小波域中,然后把代表水印的近似子带(LL)嵌入到视频图像小波变换域中的低频子带中,把水印图像的高频子带嵌入到视频图像的相应高频子带中,这样就减少了对图像低频系数的修改量,保证了水印的不可见性,同时,为了确保水印的鲁棒性,算法采用将水印信息嵌入到相应子带的重要系数中,也就是嵌入在能量尽可能大的系数上。这样即使视频图像受到视频压缩攻击或在网络传输过程中受到网络异构性的限制,也能保证绝大多数被嵌入的水印系数保留下来,特别是图像小波变换域中低频子带重要系数中的水印信息,从而保证了所嵌入水印的鲁棒性。此外,算法还充分考虑了 HVS 的掩蔽特性,根据视频图像纹理、运动特征和对小波域中不同分辨率的敏感程度,自适应地确定嵌入水印的强度,从而保证了在不可见性前提下的极大鲁棒性。算法的总体流程图如图 13.1 所示。

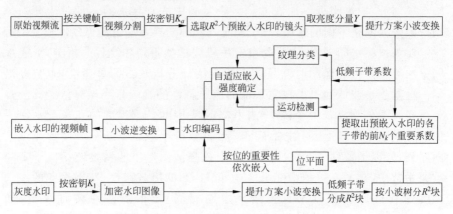

图 13.1　视频水印嵌入算法总体框图

13.3　水印图像预处理

设 $W(i,j)(0 \leqslant i,j < M, M$ 表示图像的长、宽$)$是算法所嵌入的水印灰度图像,对 $W(i,j)$ 做如下预处理:

(1) 利用密钥 K_1 对 W 进行加密,生成置乱后的水印图像 W'。

(2) 对 W' 进行基于提升方案的整数小波变换(假设进行了 n_1 阶),生成一个低频子带 LLn_1 和 $3n_1$ 个高频子带 HLn_1、LHn_1、$\cdots$、HH_1。其中,LLn_1 子带可表示为 $W'LL(i,j)\left(0 \leqslant i,j < \dfrac{M}{2^{n_1}}\right)$,各高频子带可表示成 $W'HLn(i,j)\left(0 \leqslant i,j < \dfrac{M}{2^n}, 1 \leqslant n \leqslant n_1\right)$。

(3) 将小波变换后的各子带分别等分成 $R \times R$ 块,表示成 $q_{t\_d}(i,j)$,其中,$0 \leqslant i,j < \dfrac{M}{2^n \times R}(0 \leqslant t < R^2)$、$d \in \{LL_{n_1}, HL_{n_1}, \cdots, HH_1\}$、$0 \leqslant n \leqslant n_1$(如

图13.2所示),实验中 n_1 和 R 分别选为2和4。

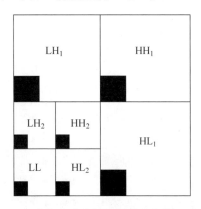

图13.2 水印小波分解及子带分块算法示意图

因为图像小波分解的多分辨率系数提供了一个树形结构,在同一树下的各系数结点具有很高的相关性,按照这种树形结构,我们把各相关子块合并到一起形成一个大块,这样分割重组后将变换后的水印图像分成了 $R \times R$ 个大块,每一大块由各个子带的小块组成,表示为 $Q_t = q_{t\_LL} \oplus q_{t\_HLn_1} \oplus \cdots \oplus q_{t\_HH_1}$,如图13.3所示。

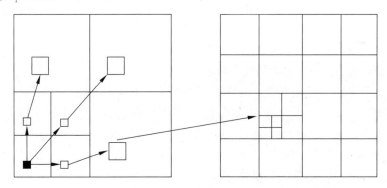

图13.3 水印图像分块示意图

(4)对 Q_t 分块中组成的各子带按位平面的重要顺序进行位平面分位,这样一个分块就转化成 $3n_1 + 1$ 个按位平面重要次序排列的比特流,即 Q_t 子块转化成 Bt_d(i) ,$0 \leqslant i < \left(\dfrac{M}{2^n \times R} \right)^2 \times 8 (1 \leqslant n \leqslant n_1)$ 。以 Q_t 中的 qt_LL(i) 子块为例,该子块经位平面分位后形成新的比特流 Bt_LL(i) ,其中,$0 \leqslant i <$

$\left(\dfrac{M}{2^{n_1} \times R}\right)^2 \times 8$，如图 13.4 所示。在比特流中若该位值是 0，则记为 -1。

图 13.4　Q_t 分块 LL 子带位平面分解示意图

13.4　视频流预处理

13.4.1　视频场景分割

本算法数字水印的嵌入是以场景为单位的，在不同的场景中嵌入不同的水印块。设 $V(i,j)$（$0 \leqslant i < N_1, 0 \leqslant j < N_2$）是预嵌水印的视频图像，其大小为 $N_1 \times N_2$。场景分割的方法有很多种[8]，这里选用直方图帧差法进行场景分割，该方法利用下式计算帧差：$F_d = \dfrac{1}{2N} \sum_i |h_1(i) - h_2(i)|$，其中，$h_1$、$h_2$ 是两帧的直方图，N 为帧像素个数。

利用上述方法把视频流分成 L（$L > R_2$）个场景，利用密钥 K_2 从 L 个场景中随机选取 $R \times R$ 个场景，水印信息被嵌入在这 $R \times R$ 个场景的 Y 分量中。用 Vt_k(i,j) 表示 t（$0 \leqslant t < R_2$）场景中第 k（$k > 2$）帧的亮度图像。

13.4.2　视频帧小波变换

对提取出的 $R \times R$ 个场景每一个视频帧的亮度分量进行基于提升方案的小波变换（假设进行了 n_2 阶分解，其中 $n_2 > n_1$），生成一个低频子带（LLn_2）和 $3n_2$ 个高频子带（HLn_2，LHn_2，$\cdots$，HH$_1$）。

本节算法是将水印分块 Q_t 重复地嵌入到对应视频场景 Vt_k$(k>1)$ 中除去第一帧的每一帧中（第一帧作为运动检测的参考帧），且分块 Q_t 中各子块（qt_LL，qt_HLn_1，$\cdots$，qt_HH1）嵌入到视频场景 Vt_k(i,j) 对应的小波变换子带中,也就是子块 qt_LL 的比特流 Bt_LL 嵌入到 Vt_k 的 LL 子带、子块 qt_HLn_1 的比特流 Bt_HLn_1 嵌入到 Vt_k 的 HLn_2 子带、……、子块 qt_HH$_1$ 的比特流 Bt_HH$_1$ 嵌入到 Vt_k 的 HHn_2-n_1 子带中,如图 13.5 所示。

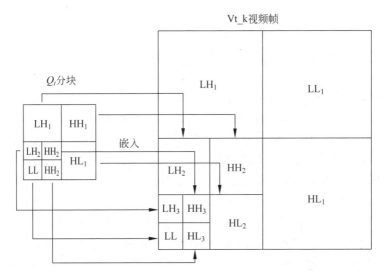

图 13.5 Q_t分块嵌入示意图

13.4.3 视频帧图像小波域重要系数的确定

为了加强水印鲁棒性和抗视频压缩攻击,我们把水印信息嵌入到视频帧图像小波系数中能量尽可能大的系数上。

以视频图像 Vt_k 中的 LLn_2 子带为例,因为 LLn_2 子带中嵌入的是水印分块 Q_t 的 Bt_LL(i,j) 比特流,预嵌水印个数是 $N_k=\left(\dfrac{M}{2^{n_1}\times R}\right)^2\times 8$ 个,所以需要从 Vt_k 的 LLn_2 子带中提取出前几个重要系数,具体提取算法如下。

Step1. 令 $j=0$,选取初始阈值 $y=\lfloor T_i^2 \rfloor$,其中,$y=\mathrm{INT}(\log_2\max|\mathrm{St\_t\_LL}|)$,St_k_LL 是当前子带 LL$n_2$ 的小波系数值。

Step2. 依次比较 LLn_2 中未被选中的小波系数 St_k_LL 的绝对值与 T_j 的关系,找出不小于 T_j 的小波系数,并记载其个数 num 和具体位置。

Step3. 如果 num 没有达到 $\left(\dfrac{M}{2^{n_1}\times R}\right)^2\times 8$,则令 $T_i=T_i-1$,并转向 Step2;

否则结束重要系数的提取过程。

对其他子带做相同的操作,从而找出各子带中预嵌水印系数的位置。

13.5 水印嵌入自适应性处理

13.5.1 纹理区域的分类

水印嵌入可以看作是在强背景(原始图像)下迭加一个弱信号(水印)。只要迭加的信号低于对比度门限,视觉系统就无法感受到迭加信号的存在,根据 HVS 的对比度特性,该门限值受到背景照度、背景纹理复杂性和信号频率的影响。背景越亮,纹理越复杂(或有边缘存在)门限值就越高,这种现象称为照度掩蔽和纹理掩蔽,视觉掩蔽特性使具有不同局部性质的区域,在保证不可见性的前提下,迭加的信号强度不同。我们将预嵌入点所代表的空间块的纹理复杂程度分成两类,即简单纹理区域和复杂纹理区域,其对应原始图像的不同区域的系数将被嵌入不同强度的水印,从而使水印算法自适应于视频信号的内容。

视频帧图像经 n_2 阶小波变换后,形成一系列子带,以 $n_2 = 3$ 为例,要判定低频子带中某一点的纹理情况,就需要考虑到小波变换后的 LL_3 子带的一点对应着实际图像 8×8 区域的块,而用 LL_3 子带的一点无法判定纹理特征,如果用 LL_3 子带的 2×2 的块来得到纹理特征,则对应的是实际图像中的 16×16 的块,这将导致所判断的块过大,影响纹理判断的准确性。

小波分解的多分辨率表示提供的层次结构使得各高频子带区域的纹理结构与 LL 子带中相对位置的纹理结构具有很强的相关性,因此 LL 子带的纹理特征可以用来预测高频子带的纹理特征,反过来也是一样。本节采用小波变换系数块的标准方差来对纹理的复杂程度进行估计,具体纹理分类算法如下。

Step1. 为 LL_3 子带、HH_2 子带分别设定纹理简单区域和复杂区域的阈值对:(ThL_3, ThC_3)、(ThL_2, ThC_2),为 HH_3 子带设定纹理判断阈值 Th_1(这些阈值的获取可以通过实验统计获得,实验中 ThL_3, ThC_3、ThL_2, ThC_2 和 Th_1 分别被选为:$(8,100)$、$(12、40)$、32。

Step2. 计算子带 LL_3 中 2×2 块 V_LLi 的标准方差 C。

(1) 如果 $C < ThL_3$,则将 V_LLi 对应的 2×2 块标记为 0,表示这些块对

应于简单纹理区域；转向 Step5。

（2）如果 $C > ThC_3$，则将 V_LLi 对应的 2×2 块标记为 1，表示这些块对应于复杂纹理区域；转向 Step5。

（3）否则，执行 Step3。

Step3. 与 LL_3 子带中 2×2 块 V_LLi 相对应的 HH_2 的块为 4×4，不妨设为 V_HH2i，将 V_HH2i 分裂成 4 个 2×2 的块，对每一个 2×2 的块，计算它的标准方差 C_1、C_2、C_3 和 C_4'。

（1）如果 $C_i(i=1,2,3,4)$ 小于 ThL_2，则将 V_LLi 对应的 C_i 点标记为 0；

（2）如果 $C_i(i=1,2,3,4)$ 大于 ThC_2，则将 V_LLi 对应的 C_i 点标记为 1；

（3）如果所有的点都被标上记号，则转向 Step5；

（4）否则，执行 Step4。

Step4. 与 LL_3 子带中 2×2 块 V_LLi 相对应的 HH_3 的块为 8×8，不妨设为 V_HH1i，将 V_HH1i 分裂成 4 个 4×4 的块，计算未判断出的点对应的 4×4 块，计算它们的标准方差，如果标准方差均小于 Th_1，则将此点标记为 0；否则标记为 1。

Step5. 重复 Step2～Step4，直到 LL_3 中所有的 2×2 区域均得到处理。

Step6. 将 LL_3 子带按点进行判定，如果该点标记为"1"，即表示纹理复杂区，则可置这一点所对应的相应的高频区域也为复杂纹理区；否则置该点与对应的高频区域为简单纹理区。

13.5.2 运动区域分类

视频序列与静止图像的不同在于它包含运动信息，而人眼对物体发生运动时的空间敏感度有所下降，这样可以在运动区域嵌入较高强度的水印信息。因此我们在相邻帧的低频子带间使用了运动检测器，将每一帧的低频子带分割成静止区域和运动区域，在不同的区域内嵌入不同强度的水印，使水印算法自适应于视频序列中物体的运动。本算法是基于视频场景的，其中水印信息不嵌入到场景中的第一帧中，第一帧只是作为运动检测的参考帧。

运动的检测是基于当前帧小波分解后低频子带图像相对于前一帧小波分解低频子带图像有无变化，并将当前帧的小波分解系数分成静止区域和运动区域，算法主要过程如下。

Step1. 设定静止区域阈值 T_1 和运动区域阈值 T_2，其中，$T_2 > T_1(T_1、T_2)$

的获取可以通过实验统计获得,实验中 T_1 和 T_2 被选为: $T_1=12$、$T_2=2$。

Step2. 计算场景中当前帧(第 k 帧)和上一帧(第 $k-1$ 帧)图像小波变换后低频子带系数的差: $FD(i,j)=|St\_k(i,j)-St\_k-1(i,j)|$,其中,$FD(i,j)$ 表示帧差值,$St\_k(i,j)$ 和 $St\_k-1(i,j)$ 表示第 t 场景中第 k 帧和第 $k-1$ 帧 LL 子带的系数值。

Step3. 将 $FD(i,j)$ 与 T_1 和 T_2 做对比。

(1) 如果 $FD(i,j)<T_1$,则此系数所代表的区域被认为是静止区域,标记"0"并转向 Step5。

(2) 如果 $FD(i,j)>T_2$,则此系数点所代表的区域被认为是运动区域,标记"1"并转向 Step5。

(3) 否则,执行 Step4。

Step4. 以该系数为中心,计算 3×3 窗口内小于 T_1 的系数的个数 N ,若 $N\geqslant4$,则认为该系数所对应空间位置的像素状态是静止的,否则是运动的。

Step5. 重复 Step2～Step4,直到 LL_3 中所有系数点都得到处理。

Step6. 对 LL_3 子带逐点进行判断,如果点的标记为"1",则表示该点为运动区域,则可置这一点对应的所有高频区域也为运动区域;否则认为该点与其对应的高频区域为静止区域。

13.6　算法实现

13.6.1　水印嵌入

经过上述对水印和视频的预处理,可以将水印按位平面获得的比特流序列 $Bt\_d1(x)$ 嵌入到视频场景中各子带的重要系数上,水印嵌入公式如下:

$$S'_{t\_k\_d0}(i,j)=\text{round}\left[\frac{S_{t-k-d0}(i,j)}{\Delta_d}\right]\times\Delta_d+$$

$$\frac{\alpha\times\beta\times B_{t\_d1}(x)\times|S_{t\_k\_d0}(i,j)|}{\max(|S_{t\_k\_d0}(i,j)|)}\times\frac{\Delta_d}{2} \qquad (13.1)$$

其中:

(1) $0\leqslant t<R,k>2,d_0\in\{LLn_2,HLn_2,\cdots,HHn_2-n_1+1\}$;

(2) $S'_{t\_k\_d0}(i,j)$ 表示场景 t 中第 k 帧 d_0 子带中嵌入水印后的小波系数;

(3) $S_{t\_k\_d0}(i,j)$ 表示场景 t 中第 k 帧 d_0 子带预嵌水印系数;

（4）round $\left[\dfrac{S_{t\_k\_d0}(i,j)}{\Delta_d}\right]$ 表示 $S_{t\_k\_d0}(i,j)$ 对水印嵌入强度步长 Δd 量化取整；

（5）$\max(|S_{t\_k\_d0}(i,j)|)$ 表示帧中被嵌水印子带系数最大值；

（6）$B_{t\_d1}(x)$ 表示第 t 个水印分块中 d_1 子带的水印值，$d_1\in\{LLn_1,$ $HLn_1,\cdots,HH_1\}$；

（7）$0\leqslant x<\left(\dfrac{M}{2^n\times R}\right)^2\times 8,1\leqslant n\leqslant n_1$；

（8）Δd 表示水印嵌入强度步长，由于人眼视觉系统特性在压缩图像的最终视觉质量中扮演着重要的角色，而且通过分析表明，人眼对低频成分比高频成分敏感，因此设计嵌入强度时，可以随着分辨率的升高，将嵌入强度步长逐步加大，本章嵌入强度步长采用 $\Delta_d=\Delta_0\times\lambda_r^{n_2-y+1}$ 的分配策略，其中，r 分别代表 h（水平）、v（垂直）、f（斜方向），Δ_0 为基准步长，n_2 是视频图像小波分解阶数，y 表示当前量化子带所在的分解级，对低频子带量化步长取 $\Delta LL=\Delta_0$，λ_r 为不同分解级间量化步长比例，实验中取 $\Delta_0=16$，$\lambda_h=\lambda_v=1.3$，$\lambda_f=1.5$。

（9）α 是纹理自适应水印嵌入强度参数，对于简单纹理区域，其取值为 α_1，而对复杂纹理区域，其值取 α_2。

（10）β 是运动自适应水印嵌入强度参数，对于静止区域，其取值为 β_1，而对运动区域，其值取 β_2。（9）中的 α_1、α_2 以及这里的 β_1 和 β_2 是通过实验统计来获得的，实验中取为：$\alpha_1=0.70$、$\alpha_2=0.90$、$\beta_1=0.74$、$\beta_1=0.92$。

（11）将嵌入水印的各子带进行小波反变换，再把含水印的视频场景的亮度分量返回到原视频场景中，得到含水印的视频场景。

13.6.2 水印提取

视频水印提取无需原视频流，实现盲提取。本算法水印是嵌入在视频场景图像小波域子带的重要系数上，但水印嵌入后，改变了原视频图像的能量分布，所以如果在嵌入水印的视频场景中再用原方法找重要系数势必会产生错误，为此，我们通过采用一个文件 Kf 来保存水印嵌入视频图像的位置，并把该文件作为密钥文件。具体提取过程如下。

Step1. 对视频流进行场景分割，用密钥 K_2 提取出 R 个场景，再提取出这 R 个场景的 Y（亮度）分量。

Step2. 对 R 个场景的 Y 分量做 n_2 阶小波变换。

Step3. 结合密钥文件 Kf 提取出嵌入的水印比特系数,提取算法如下。

令 $b = S'_{t\_k\_d0}(i,j) - \text{round}\left[\dfrac{S'_{t\_k\_d0}(i,j)}{\Delta_d}\right]$,如果 $b < \dfrac{\Delta_d}{2}$,则令 $B_{t\_d1}(x) = 1$,否则令 $B_{t\_d1}(x) = 0$。

Step4. 把提取出的比特流 Bt_d1(x)按位平面重组构成各子带,再对各子带进行 n_1 阶小波逆变换。

Step5. 用密钥 K_1 把置乱的水印图像还原。

13.6.3　实验结果

1. 水印嵌入结果

我们对本节提出的自适应视频水印算法进行了仿真实验。实验所用的水印是一幅 64×64 的灰度图像,所选用的测试视频流是 CIF 格式的 stefan 视频流,共 300 帧,图像大小是 352×288,对应的是 YUV 彩色空间,色度信号模式为 4：2：0。分别对水印和视频图像做二阶和三阶小波变换,把水印图像被分成 16 块。图 13.6 是任选的原始视频图像和水印图像,图 13.7 是相应含水印信息的视频图像和提取出的水印图像。从视觉效果看,人眼很难分辨出它与原始视频之间的差别,采用峰值信噪比来客观评价嵌入水印视频图像的质量。实验表明,平均 PSNR 均在 40dB 以上。

图 13.6　原始视频帧和水印图像

2. 攻击测试

1) 加高斯噪声攻击测试

采用图像处理工具 Photoshop 6.0 向嵌有水印的所有视频图像分别加入数量为 1％～11％的高斯噪声,所得实验结果如图 13.8 所示。

实验结果表明,随着加入高斯噪声的强度不断增加,视频图像的质量明

PSNR=43.24dB　　　　PSNR=42.41dB　　　　PSNR=42.15dB　　　　τ=0.99

图 13.7　自适应水印实验结果

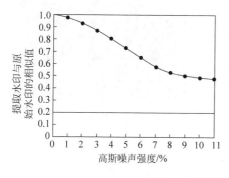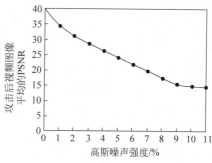

图 13.8　高斯噪声攻击实验结果

显下降,当所加高斯噪声超过 3％时,视频图像的质量已是很差了(PSNR=27.85dB),但仍然提取出比较清晰的水印,而当所加高斯噪声超过 10％时,视频图像的质量已是人眼无法容忍了,但仍然能检测出水印的存在。

2)帧平均攻击测试

将含水印的视频场景亮度分量前后两帧进行帧平均攻击,先攻击一个场景中的图像,然后依次增多,直到所有的视频场景都进行帧平均攻击。实验结果如图 13.9 所示。

实验结果表明,帧平均攻击以后,视频图像的平均 PSNR 为 22.65dB,图像质量总体很差,即使所有的场景帧都受到平均攻击,仍能检测出水印的存在。攻击后的图像如图 13.10 所示。

3)帧剪切攻击

因为水印嵌入是将不同的水印分块重复地嵌入到不同的场景中,所以算法本身对视频帧剪切就具有很强的鲁棒性。

4)MPEG4 压缩攻击

我们对加水印的视频流进行了不同压缩比的 MPEG4 压缩攻击,实验效果如图 13.11 所示。图 13.12 是当含水印视频在压缩比特率 0.2Mb/s 攻击后重建的视频图像。实验结果表明,只要压缩效果在视觉上能被接受,即在没有产生明显块效应的压缩情况下,都能检测到水印的存在,而即使在重建图像出现了明显块效应的情况下(参见图 13.12),算法仍能检测到水印的存在。

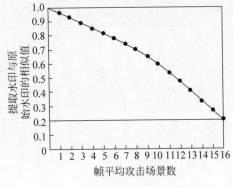

图 13.9　帧平均攻击实验结果

图 13.10　帧平均攻击后视频图像

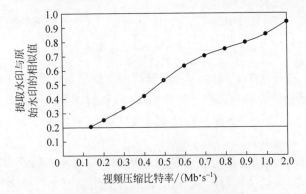

图 13.11　MPEG4 压缩攻击实验结果

PSNR=26.05dB

图 13.12　0.2Mb/s 攻击后重建视频图像

13.7　讨论

本节提出了一种基于小波域的非压缩视频水印盲检测算法。该算法具有以下特点。

（1）水印的嵌入是基于视频场景的。水印嵌入前首先对视频进行场景分割，再利用密钥选取场景，将不同的水印分块重复地嵌入到不同的场景中，从而保证了算法本身就对帧剪切等攻击具有很强的鲁棒性。

（2）水印的嵌入是基于小波变换域的。把水印和视频帧图像均变换到小波域，然后按照子带对子带进行嵌入，即水印的低频子带嵌入到图像的低频子带，水印的高频子带嵌入到图像的相应高频子带中，从而减小了对图像低频子带的修改量，保证了水印的不可见性；另一方面，水印是嵌入在各子带的重要系数中的，从而也保证了水印具有一定的鲁棒性，从而很好地协调了水印的鲁棒性与不可见性之间的矛盾。

（3）水印选用的是256色的灰度图像，以8个位平面形式嵌入。水印分块中各小波子带在嵌入前按位平面方式转换成二进制的比特流，再按照位平面的重要次序，依次嵌入到各子带中的重要小波系数中，从而使对水印重构重要性越大的位平面具有越高的鲁棒性，保证了水印在视频压缩攻击中的鲁棒性。

（4）水印在嵌入时充分考虑了图像纹理掩蔽特性、视频运动掩蔽特性和信号频率掩蔽特性，使得水印的嵌入强度具有一定的自适应性，保证了嵌入水印在不可见性前提下的极大鲁棒性。

（5）水印检测不需要原始视频，实现了盲水印检测。

小结

本章提出了一种基于小波域的非压缩视频水印盲检测算法，首先介绍了视频水印嵌入算法的总体框架；然后分别对水印图像预处理、视频流预处理、水印嵌入自适应性预处理；进而介绍了水印的嵌入与提取过程；最后对水印系统进行测试，包括加高斯噪声攻击测试、帧平均攻击测试、帧剪切攻击和MPEG4压缩攻击。

参考文献

1. P W Chan, M R Lyu, R T Chin. A Novel Scheme for Hybrid Digital Video Watermarking: Approach Evaluation and Experimentation[J]. IEEE Transactions on Circuits and Systems for Video Technology,2005,15(12): 1638-1649.

2. S Wang, D Zheng, J Zhao, W J Tam, F Speranza. A Digital Watermarking and Perceptual Model Based Video Quality Measurement [C]. IMTC 2005—Instrumentation and Measurement. Technology Conference. Ottawa, Canada, 2005: 17-19.

3. Hongmei Liu, Nuo Chen, Jiwu Huang, Yun Q Shi. A robust DWT-based video watermarking algorithm[C]. Proc. 2002 IEEE Int. Sym. on Circuits and Systems (ISCAS'02),Phoenix,USA. 2002,3: 627-630.

4. Serdean C V,Ambroze M A,Tomlinson M,et al. DWT-based High-capacity Blind Video Watermarking Invariant to Geometrical Attacks[J]. Vision,Image and Signal Processing,2003,150(1): 51-58.

5. P Campisi, A Neri. Video Watermarking in the 3D-DWT domain using perceptual masking[C]. IEEE International Conference on Image Processing (ICIP 2005), Genova,Italy,2005: 11-14.

6. Seung-Jin Kim,Suk-Hwan Lee,Kwang-Seok Moon,Woo-Hyun Cho,In-Taek Lim,Ki-Ryong Kwon, Kuhn-Il Lee. A new digital video watermarking using the dual watermark images and 3D DWT[C]. TENCON 2004. IEEE Region 10 Conference, 21-24 Nov. 2004. 1: 291-294.

7. Jie Yang,Moon Ho Lee,Quan Liu,Guo Zhen,Tan Xuan Wan. Robust 3D wavelet video watermarking.[C] Consumer Electronics,2003. ICCE. 2003 IEEE International Conference on,17-19,2003,208-209.

8. 季白杨,陈纯,钱英. 视频分割技术的发展[J].计算机研究与发展,2001,38(1): 36-42.

<table>
<tr><td rowspan="2">第14章</td><td rowspan="2">基于特征区域的抗几何
攻击视频水印算法</td></tr>
</table>

14.1 引言

目前,视频水印算法对诸如 MPEG 压缩、加噪和滤波等信号处理具有较好的鲁棒性,而对旋转、缩放等几何攻击的抵抗性能不高,视频经过几何攻击后,大多数水印算法将无法检测到水印信息的存在。能够抵抗信号处理、MPEG 压缩、帧剪切等攻击同时又能抵抗几何形变的水印技术是令人关注的课题。能够抵抗几何攻击的水印方案主要分为三类,第一类是嵌入到几何不变域中。文献[1]和[2]利用 Fourier-Meillin Transform(FMT)的仿射不变性,把水印嵌入到 FMT 变换域中。算法对 Rotation、Scale、Translation(RST)的鲁棒性很好,然而对剪切和其他局部几何形变鲁棒性不足。另一种方法是图像标准化,文献[3]和[4]对预嵌入水印图像和预提取水印图像都先变换到同一个标准化图像向量,它的不足是对剪切攻击不具有鲁棒性。

第二类是使用模板[5,6]或嵌入一个周期性的水印模式[7],文献[5]和[6]中,模板嵌入在 Discrete Fourier Transform (DFT)域中的局部峰值点上,在检测时很容易提取出并矫正形变。缺点是局部峰值点比较容易被提取出来从而去掉模板。

第三类是基于图像特征点[8-10],文献[8]中提出了一种基于图像内容抗 RST 的图像水印算法,用 Harris 提取图像的重要特征点,这些重要特征点通过三角形方式来矫正可能的几何形变。在文献[9]中使用交互式的尺度模式滤波器提取图像特征,并基于特征点建立水印模板。

本章提出一种抗几何形变的鲁棒视频水印算法,通过统计图像中圆形区域的几何不变量来矫正几何形变;信息嵌入在视频图像 DCT 域的低频系数中,在嵌入过程中充分考虑了 HVS 的掩蔽特性,使得水印的嵌入具有自适应性;水印嵌入利用了点的相对关系,一个嵌入点上嵌入多比特信息。此外,在嵌入水印的同时嵌入同步信息,使得水印检测可以从视频序列任一帧开始,水印提取无需原始视频序列。

14.2　几何攻击参数的估计和校正

14.2.1　特征区域的检测

在图像空域中,具有几何不变特征的点是不存在的,但能找到具有唯一统计特征的区域,显然对于圆形区域内的像素来说,经过平移、旋转以后像素对象是不变的。

设视频图像 $f_t = \{ f_t(x,y) \mid 0 \leqslant x < M, 0 \leqslant y < N \}$, t 表示视频图像的第 t 帧,对于视频图像点 $f_t(x,y)$,经过某种几何变换,如旋转和平移后,其位置坐标 (x,y) 变成 (x',y'),但其图像灰度值并没有改变。则对于圆形区域:

$$P = \frac{1}{\omega} \sum_{x,y} f_t(x,y) = \frac{1}{\omega} \sum_{x,y} f_t(x',y') \tag{14.1}$$

$$E = \sum_{x,y} f_t^2(x,y) = \sum_{x,y} f_t^2(x',y') \tag{14.2}$$

$$S = \frac{1}{\omega} \sum_{x,y} (f_t(x,y) - P)^2 = \frac{1}{\omega} \sum_{x,y} (f_t(x',y') - P)^2 \tag{14.3}$$

式中,P 表示圆区域平均值,E 表示区域的能量,S 表示圆区域的均方差,ω 表示指定圆区域的像素点个数。

纹理体现的是像素与其相关领域像素值的变化情况,可定义为:

$$T_t(x,y) = \mid f_t(x-1,y) + f_t(x+1,y) + f_t(x,y-1) +$$
$$f_t(x,y+1) - 4f_t(x',y') \mid \tag{14.4}$$

$$H_t(x,y) = \frac{1}{\omega} \sum_{x,y} T_t(x,y) \tag{14.5}$$

其中,$H_t(x,y)$ 表示纹理强度因子,大小体现了图像以点 (x,y) 为圆心的圆形区域的纹理强度。

以半径为 r 的圆形区域为搜索模板,在视频图像搜索区域中寻找 $H_t(x,y)$ 的最大点。考虑到圆形搜索模板的特殊性和图像在经过平移攻击后特征点可能丢失,所以定义搜索区域为$(d \leqslant x < M-d, d \leqslant y < N-d, d > r)$,如图 14.1 所示虚线内部表示搜索区域。找到 $H_t(x,y)$ 最大值以后,记录此点 (x_1,y_1) 和以它为圆心的圆形区域的统计特征值——均值 P、能量 E、均方差 S 和纹理因子 $H_t(x_1,y_1)$。

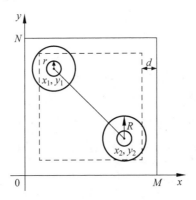

图 14.1　搜索特征区域

平面中只有一个特征区域是没有办法校对变形的,要想观察平面的变化,可以检查平面上一条直线的变化来获知,所以最少需要在图像中记录两个特征区域。如果我们按照纹理因子 $H_t(x,y)$ 的大小直接搜索特征区域,则会产生一定问题。因为 $H_t(x,y)$ 极大值附近的像素的纹理因子接近它,所以应该在离此点一定距离的地方确定下一个特征区域。如图 14.1 所示,搜索以 (x_1,y_1) 为圆心,半径为 R 之外的区域($R > r$,大小由实验统计获得)。按照上述同样方法,找到另一个特征区域圆心 (x_2,y_2),记录其统计特征值。

水印检测时,在含特征区域的帧中检测特征区域的位置。假定视频图像的大小为 $M' \times N'$,则检测特征区域的过程如下。

Step1. 初步计算缩放比例:$\text{Sc}_1 = M'/M$,$\text{Sc}_2 = N'/N$,令 $\text{MSc} = \max(\text{Sc}_1, \text{Sc}_2)$,则图像的圆形检索模板半径 $r_t (r_t \in [r, \text{Msc}])$。当图像发生了不等比例缩放,特征区域就发生了畸变,如还照圆形区域来检测,则增加部分像素点。但因为特征圆形区域的中心是此局部图像的纹理重心,而增加的像素点也是对称的,所以在变化不大的情况之下,区域的特征值变化很小。通过实验可证,当不等比例缩放在 1.3 之内时,能够检测出特征区域。

Step2. 定义搜索圆形区域半径后,在图像检测区域内计算 (x,y) 为中心

的统计特征值 $H_t(x,y)$、$P_t(x,y)$、$E_t(x,y)$ 和 $S_t(x,y)$，与记录的 (x_1,y_1) 为中心的统计特征值比较：

$$\nabla H = \mid H_t(x_1,y_1) - H_t(x,y) \mid \qquad (14.6)$$

$$\nabla P = \mid P_t(x_1,y_1) - P_t(x,y) \mid \qquad (14.7)$$

$$\nabla E = \mid E_t(x_1,y_1) - E_t(x,y) \mid \qquad (14.8)$$

$$\nabla S = \mid S_t(x_1,y_1) - S_t(x,y) \mid \qquad (14.9)$$

$$\nabla = \lambda_1 \nabla H + \lambda_2 \nabla P + \lambda_3 \nabla E + \lambda_4 \nabla S \qquad (14.10)$$

其中，λ_n 表示权重，图像在压缩等处理以后像素值会发生一定的变化，而纹理特性却保持不变，所以 λ_n 取大于 1 的数。

计算整个搜索区域，确定 ∇ 的最小值，记录此点的位置 (x_1',y_1')。

Step3. 用 Step1 和 Step2 在除去以点 (x_1',y_1') 为圆心，半径为 $r_t/r \times R$ 的搜索区域中搜索另一点 (x_2',y_2')。

14.2.2 旋转角的估计

以 t 帧为例，假定原特征区域的中心点为 (x_1,y_1) 和 (x_2,y_2)，检测时找到特征区域中心点 (x_1',y_1') 和 (x_2',y_2')，如图 14.2 所示。

$$\alpha_t = a\tan\left(\frac{y_1 - y_2}{x_1 - x_2}\right) \times \frac{180}{\pi} \qquad (14.11)$$

$$\alpha_t' = a'\tan\left(\frac{y_1' - y_2'}{x_1' - x_2'}\right) \times \frac{180}{\pi} \qquad (14.12)$$

则图像校正旋转角度 θ_t 为：$\theta_t = \alpha_t' - \alpha_t$。

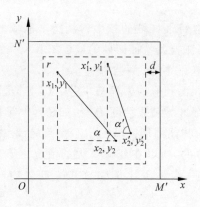

图 14.2 旋转角估计

如果在多帧中定义了特征区域,则用同样方式计算出所有含特征区域的旋转角度 θ_t,统计比较所求出的旋转角,取各图像旋转角度相等数最大的 θ_t 作为视频的旋转校正角度。再根据 θ_t 的正负,确定校正旋转方向。

14.2.3 尺度变换参数的估计

图像的尺度变换可分为两种情况:一种称为对称尺度变换,即各个方向图像尺度变换参数相同;另一种则为非对称尺度变换,即不同方向图像尺度变换参数不同。对称尺度变换可看作非对称尺度变换的一种特殊情况。对于视频来说,对于非对称变换很敏感,即使一个很小的非对称缩放,对视觉效果的影响也是很大的,算法在缩放比例不大于 1.3 的情况下能够准确地检测出缩放比例,满足一定的实用性。定义如下:

$$Zx_t = \frac{x_1 - x_2}{x'_1 - x'_2} \tag{14.13}$$

$$Zy_t = \frac{y_1 - y_2}{y'_1 - y'_2} \tag{14.14}$$

式中,Zx_t 表示 x 轴的校正缩放比例,Zy_t 表示 y 轴的校正缩放比例。当 Zx_t 或 Zy_t 不等于 1 时,视频发生了尺度形变,对视频图像在 x、y 轴分别做 Zx_t、Zy_t 缩放即可。

14.2.4 平移尺度的估计

同步性与图像位置密切相关,因此对平移具有鲁棒性也是重要的。定义如下:

$$Lx_t = \frac{1}{2}\left[(x_1 - x'_1) + (x_2 - x'_2)\right] \tag{14.15}$$

$$Ly_t = \frac{1}{2}\left[(y_1 - y'_1) + (y_2 - y'_2)\right] \tag{14.16}$$

其中,Lx_t 表示 x 轴方向的校正平移量,Ly_t 表示 y 轴的校正平移量。当 Lx_t 或 Ly_t 不等于 0 时,视频图像在 x、y 轴上分别平移 Lx_t、Ly_t 个像素即可。

根据所求的几何变换参数,对视频做对应的几何逆变换,实现重同步。

14.3 水印嵌入过程

为了能从任一帧开始获取水印信息同时抵抗视频剪切和去帧等恶意攻击,我们在视频序列中嵌入水印的同时嵌入同步信息,并将同步信息与水印交叠嵌入。如图 14.3 所示,先在视频序列中随机选取一起始帧,嵌入同步信息,随后几帧中嵌入水印,当水印嵌入结束后,再在下一帧中嵌入同步信息,并且在这些含有同步信息与水印的图像中记录特征区域。

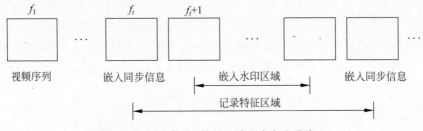

图 14.3 同步信息、特征区域和水印交叠嵌入

水印嵌入的基本流程如下:先用密钥 K_1 在视频序列中选取起始帧,嵌入同步信息;然后在下几帧中嵌入水印信息,等水印信息全部嵌入完毕后,再在下一帧中嵌入同步信息;最后在这些含有信息的图像中记录特征区域。为了加快特征区域的检测速度,对含有信息的图像做一层离散小波变换后在近似子带中记录特征区域。处理结束后,再根据密钥 K_1 选取下一视频段嵌入,直至处理完整个视频。为了保证算法对视频压缩的鲁棒性,水印和同步信息通过量化嵌入在 DCT 域中的低频系数(DC)上。信息嵌入在 DC 系数上,不但可以保证水印的鲁棒性,而且 DC 系数比其余系数具有更大的视觉掩蔽性。水印嵌入采用新颖的策略,通常的方法是在一个系数上嵌入一个水印信息,而本方法利用系数对的关系,在不增加嵌入量的前提下在一个系数上嵌入 1.5b 信息。另外,考虑到视频可能会受到平移的攻击,所以只把信息嵌入到区域 $16 \leqslant x \leqslant M-16, 16 \leqslant y \leqslant N-16$ 中。

14.3.1 水印混沌置乱处理

设 $W = \{W(i,j) | 0 \leqslant i < m, 0 \leqslant j < n, W(i,j) \in \{0,1\}\}$ 为二值水印图像,用密钥 K_2 生成长度为 $m \times n$ 的 Logistic 混沌序列对 W 进行置乱,置乱后的

水印信息设为 W_t，则 W_t 具有不可预测性和不相关性，从而保证了视觉对嵌入水印的不敏感性。同时，在不知道密钥 K_2 的前提下，攻击者很难恢复出原始水印。

14.3.2　水印嵌入

水印与同步信息都是由 1、0 组成的比特串，采用同样的嵌入方式，通称为信息，嵌入算法的具体步骤如下。

Step1. 根据密钥 K_1 在视频序列中选取一帧，取图像的亮度分量，进行 8×8 的 DCT 变换，考虑视频压缩过程中会使图像丢失一部分能量，为了消除这部分误差，先对图像做基于 MPEG 默认量化表进行量化与反量化。

视频可能会受到小量的平移攻击，所以在嵌入时排除图像四周一定量的系数，水印嵌入区域定位在 $16\leqslant x\leqslant M-16,16\leqslant y\leqslant N-16$ 中，变换后的系数表示为 F_{tl}，l 表示在嵌入水印区域内的第 l 个 8×8 块。

Step2. 根据 HVS 的视觉特点，人眼对图像的亮度和纹理通常具有可屏蔽特性，把水印嵌入到较亮或较暗的或纹理比较丰富的图像块中能提高水印的鲁棒性和透明性。在 DCT 变换域中，DC 系数的大小表示了图像块的平均亮度，AC 系数表示了图像纹理，所以根据 DC 与 AC 系数来定义图像的亮度特性与纹理特性。在 DCT 域中，"之"字形扫描顺序总体上体现了变换系数的能量递减规律，序数越是后面的系数值越小，尤其图像经过压缩以后，后面的系数基本上接近 0，所以"之"形扫描的前 5 个 AC 系数大致可体现图像块的纹理性，如图 14.4 所示。

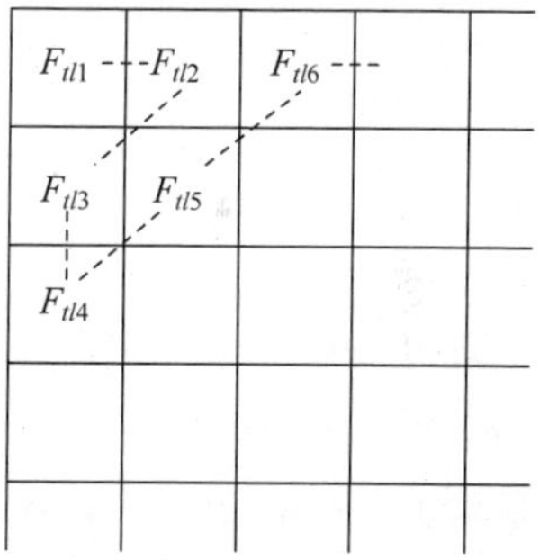

图 14.4　8×8 子块系数选择

亮度掩蔽因子 $\delta_{tl}=[(|F_{tl}-F_m|/2.5F_m)+1]^2$，其中，$F_m$ 表示亮度值都是 127 的 8×8 块的 DC 值，表示对亮度变化最敏感的位置。

纹理掩蔽因子 $\beta_{tl}=\ln(e+\Gamma_{tl}/\Gamma_{tm})$，其中：$\Gamma_{tl}=|F_{tl2}|+|F_{tl3}|+|F_{tl4}|+|F_{tl5}|+|F_{tl6}|$，$\Gamma_{tm}=1/\rho\sum_{l=1}^{\rho}\Gamma_{tl}$，$\rho$ 表示一帧图像中嵌入水印区域的 8×8 块数。

Step3. 通过求出 8×8 图像块的亮度与纹理掩蔽因子，就可以得到块的

掩蔽容量 $\xi_{tl} = \delta_{tl} \times \beta_{tl}$。

Step4. 传统的水印嵌入策略都是基于孤立点考虑,如图 14.5(a)所示,对于一维坐标上的 x,在其方向上只有两种变化,这限定了水印的嵌入量只能有 $\log_2 2$ 比特;而如果取两点,把它放到一个平面来看其可能的改变方向,很明显其可改变的方向是无穷的,也就是说点 (x,y) 的可能变化是无穷的,假设点 (x,y) 的变化数是 Φ,则可以嵌入 $\log_2 \Phi$ 比特信息。为了确保水印的鲁棒性,在算法中取 (x,y) 的有限几种变化,如图 14.5(b)所示,取点在水平、垂直及正角上的 8 个方向的变换,也就是说在点 (x,y) 中可嵌入 $\log_2 8$ 比特信息。

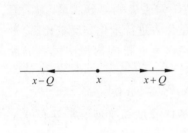

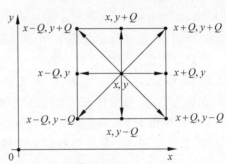

(a) 一维信号候选变化方向

(b) 二维信号候选变化方向

图 14.5 信号的候选变化方向

按上述理论,就能在两个系数上嵌入 3 比特的信息。但是需要指出,假定 $Q=0.5$,则对于 $x+0.5$ 和 $x-0.5$ 在检测时无法区分,为了区分 x,y 到底是加上一个 Q 还是减去一个 Q,定义如下:

$$\mathrm{Sign}(x) = \begin{cases} + \mathrm{if} & x \bmod 2 = 0 \\ - \mathrm{if} & x \bmod 2 = 1 \end{cases} \tag{14.17}$$

$$\mathrm{Sign}(y) = \begin{cases} + \mathrm{if} & y \bmod 2 = 0 \\ - \mathrm{if} & y \bmod 2 = 1 \end{cases} \tag{14.18}$$

算法采用量化嵌入水印策略,取两个接连图像块的 DC 系数,假设为 F_{tl} 与 $F_{t(l+1)}$,对其量化,并使得量化值为偶数。

$$F'_{tl} = \left[\mathrm{round}\left(\frac{F_{tl}}{\xi_{tl}\Delta}\right) + \mathrm{round}\left(\frac{F_{tl}}{\xi_{tl}\Delta}\right) \bmod 2 \right] \times \xi_{tl}\Delta \tag{14.19}$$

$$F'_{t(l+1)} = \left[\mathrm{round}\left(\frac{F_{t(l+1)}}{\xi_{t(l+1)}\Delta}\right) + \mathrm{round}\left(\frac{F_{t(l+1)}}{\xi_{t(l+1)}\Delta}\right) \bmod 2 \right] \times \xi_{t(l+1)}\Delta \tag{14.20}$$

式中，Δ 表示量化步长，round() 表示就近量化取整运算，mod 表示取余运算。

根据预嵌入的 3 比特信息修改 F'_{tl} 和 $F'_{t(l+1)}$，用符号 g_i 表示这 3 个比特的值：

if $g_i = 0$ then $F''_{tl} = F'_{tl} + \xi_{tl} \times \Delta$；

else if $g_i = 1$ then $F''_{tl} = F'_{tl} + \xi_{tl} \times \Delta$；$F''_{t(l+1)} = F'_{t(l+1)} + \xi_{t(l+1)} \times \Delta$；

else if $g_i = 2$ then $F''_{t(l+1)} = F'_{t(l+1)} + \xi_{t(l+1)} \times \Delta$；

else if $g_i = 3$ then $F''_{tl} = F'_{tl} - \xi_{tl} \times \Delta$；$F''_{t(l+1)} = F'_{t(l+1)} + \xi_{t(l+1)} \times \Delta$；

else if $g_i = 4$ then $F''_{tl} = F'_{tl} - \xi_{tl} \times \Delta$；

else if $g_i = 5$ then $F''_{tl} = F'_{tl} - \xi_{tl} \times \Delta$；$F''_{t(l+1)} = F'_{t(l+1)} - \xi_{t(l+1)} \times \Delta$；

else if $g_i = 6$ then $F''_{t(l+1)} = F'_{t(l+1)} - \xi_{t(l+1)} \times \Delta$；

else $F''_{tl} = F'_{tl} + \xi_{tl} \times \Delta$；$F''_{t(l+1)} = F'_{t(l+1)} - \xi_{t(l+1)} \times \Delta$；

14.3.3　量化步长确定

用峰值信噪比来定量地衡量水印的透明度，即通过计算图像峰值信噪比（PSNR）来确定嵌入强度。因图像被分成 8×8 来处理，如果图像中的每一个 8×8 块峰值信噪比确定了，相应的整个图像的峰值信噪比也就确定了。通过文献[11]可知：

$$\Delta \geqslant \frac{255 \sqrt{8 \times 8 \times D}}{10^{\frac{\text{PSNR}}{20}}} \tag{14.21}$$

变量 D 表示水印信号分布对嵌入图像的影响程度。在文献[11]中，水印是选用一个服从于正态分布的随机数，变量 D 取值为 9。而本章嵌入的水印是一幅有意义的图像，虽经过混沌预处理，但对图像的影响还是要大于服从于正态分布的随机序列，所以 D 取小于 9 的数。

14.4　水印检测过程

水印提取无需原始视频流，且提取可以从视频的任一帧开始。具体过程如下。

Step1. 逐帧检测同步信息的存在，若存在，则进入 Step2，否则转至 Step8。

Step2. 提取下一帧图像的亮度分量,做 8×8 的 DCT 变换,并对水印嵌入区域的图像依据其 DC 与 AC 系数,计算出掩蔽容量 ξ_{tl}。

Step3. 按顺序提取连续的两块图像的 DC 系数,按如下过程提取出水印。

先判断 DC 系数是否为整数,考虑图像经过处理后系数会发生一定的改变,定义如下:

$$a=\begin{cases}1 & \text{if } \mid F''_{tl}-\text{round}(F''_{tl}/\xi_{tl}\Delta)\times\xi_{tl}\Delta\mid<0.25\xi_{tl}\Delta\\-1 & \text{else}\end{cases} \tag{14.22}$$

$$b=\begin{cases}1 & \text{if } \mid F''_{t(l+1)}-\text{round}(F''_{t(l+1)}/\xi_{t(l+1)}\Delta)\times\Delta\mid<0.25\xi_{t(l+1)}\Delta\\-1 & \text{else}\end{cases} \tag{14.23}$$

判断非整数系数的奇偶性:

if $a=-1$ then $F'''_{tl}=\text{round}((F''_{tl}-0.5\xi_{tl}\Delta)/\xi_{tl}\Delta)\times\xi_{tl}\Delta$;

$$c=\begin{cases}1 & \text{if } F'''_{tl}\bmod2=0\\-1 & \text{if } F'''_{tl}\bmod2=1\end{cases} \tag{14.24}$$

同样对于另一点:

if $b=-1$ then $F'''_{t(l+1)}=\text{round}((F''_{t(l+1)}-0.5\xi_{t(l+1)}\Delta)/\xi_{t(l+1)}\Delta)\times\xi_{t(l+1)}\Delta$;

$$d=\begin{cases}1 & \text{if } F'''_{t(l+1)}\bmod2=0\\-1 & \text{if } F'''_{t(l+1)}\bmod2=1\end{cases} \tag{14.25}$$

再根据 a、b、c、d 的取值提取出信息:

if $a=-1$ and $b=1$ and $c=1$ then $\qquad\qquad g'_i=0$;

else if $a=-1$ and $b=-1$ and $c=1$ and $d=1$ then $\qquad g'_i=1$;

else if $a=1$ and $b=-1$ and $d=1$ then $\qquad\qquad g'_i=2$;

else if $a=-1$ and $b=-1$ and $c=-1$ and $d=1$ then $\qquad g'_i=3$;

else if $a=-1$ and $b=1$ and $c=-1$ then $\qquad\qquad g'_i=4$;

else if $a=-1$ and $b=-1$ and $c=-1$ and $d=-1$ then $\quad g'_i=5$;

else if $a=1$ and $b=-1$ and $d=-1$ then $\qquad\qquad g'_i=6$;

else if $a=-1$ and $b=-1$ and $c=1$ and $d=-1$ then $\quad g'_i=7$;

Step4. 继续检测下两个图像块的 DC 系数,重复 Step1~Step3,直到所有的水印信息被检测出来,再转到 Step5。

Step5. 检测下一帧,看有无同步信息。若检测到同步信息,则说明此段水印信息完整,进入 Step6,否则转至 Step7。

Step6. 把提取出来的整数序列 $G(G=\{g_i'\})$ 转化为二进制比特流 W_t'，再用密钥 K_2 生成 Logistic 映射的 $m \times n$ 混沌矩阵，恢复出二值水印 W'，停止对视频流的检测。

Step7. 继续逐帧检测视频序列。

Step8. 若在视频中检测不到同步信息的存在，则说明视频发生了几何形变。则根据密钥 K_1，找到含有特征区域的视频图像段，检测特征区域，并利用特征区域校正视频的几何形变，再转至 Step1。

14.5　实验结果

实验使用了两个视频测试序列：News 和 Container。News 测试序列是一个人物场景，序列长为 300 帧。Container 是一个物体场景，同样长为 300 帧。两个序列都采用 YUV 格式存储，图像大小为 352×288。

所用的水印是一幅 128×128 的二值图像，同步信息采用的是长度为 1920 的一个伪随机序列。量化步长 $\Delta = 30$，圆形特征区域半径 $r = 13$。图 14.6 和图 14.7 分别是视频序列 Container 与 News 的测试结果，视觉上分辨不出含水印帧与原始帧之间的差别。采用峰值信噪比来客观评价嵌入

(a) 原始序列帧　　　　　　　　(b) 含水印帧PSNR=45.34dB

(c) 原始水印　　　　　　　　(d) 提取出的水印

图 14.6　Container 测试流实验结果

水印后视频图像的质量,实验结果表明:嵌入水印后的图像平均 PSNR 均为 44dB(水印是嵌入在视频图像的亮度分量上的,所以实验结果也是基于其亮度分量的)。

(a) 原始序列帧　　　　　　(b) 含水印帧PSNR=45.34dB

(c) 原始水印　　　　　　(d) 提取出的水印

图 14.7　News 测试流实验结果

对含水印的视频流分别做抗旋转、平移、缩放等几何攻击、MPEG2 压缩等性能进行了测试。实验结果如表 14.1 所示,结果表明,提出的水印算法对一般的几何攻击和压缩具有较好的鲁棒性。

表 14.1　攻击后提取出的水印 NC 值

攻 击 方 式	视频序列	
	News	Container
旋转 1°	0.99	0.99
旋转 5°	0.96	0.95
旋转 10°	0.93	0.93
旋转 30°	0.90	0.89
旋转 45°	0.89	0.87
平移 $t_x = -20$	0.99	0.99
平移 $t_x = 20$	0.99	0.99
平移 $t_y = 20$	0.99	0.99

续表

攻 击 方 式	视频序列	
	News	Container
缩放 2.0	0.84	0.82
缩放 1/2	0.83	0.81
MPEG2(25KB/s)	0.93	0.92
MPEG2(20KB/s)	0.84	0.82
MPEG2(15KB/s)	0.75	0.77
MPEG2(10KB/s)	0.63	0.62

14.6　讨论

本节提出了一种基于特征区域的抗几何攻击视频水印算法。该算法具有以下特点。

（1）算法利用图像中圆形区域的统计特征几何不变性来校正几何形变。

（2）通过量化把信息嵌入到视频图像 DCT 域的低频系数上，在嵌入过程中考虑了 HVS 的掩蔽特性，使得水印的嵌入强度具有自适应性。

（3）在嵌入策略上利用了点的平面关系，实现了在每一个嵌入点上嵌入 1.5 比特的信息，提高了水印的嵌入信息量。

（4）并且在嵌入水印的同时，嵌入成对的同步信息，使得水印检测可以从视频序列任一帧开始，利用成对的同步信息，可以检测有无失帧。

（5）水印提取无需原始视频序列，实现了盲水印提取。

小结

在本章中提出一种基于特征区域的抗几何攻击的量化鲁棒视频水印算法，实验结果表明，该算法对通常的视频处理、失帧、MPEG 压缩和 RST 等攻击具有很好的鲁棒性。

参考文献

1. Bum-Soo Kima, Jae-Gark Choib, et al. Robust digital image watermarking method against geometrical attacks [J]. Real-Time Imaging,2003,9(2)：139-149.

2. D Zheng, J Zhao, A El Saddik. RST-invariant digital image watermarking based on log-polar mapping and phase correlation [J]. IEEE Trans. Circuits Syst. Video Technol. ,2003,13(8)：753-765.

3. Qi Song,Guang-xi Zhu 1, Hang-jian Luo. Geometrically robust image watermarking based on image normalization [C]. Proceedings of 2005 International Symposium on Intelligent Signal Processing and Communication Systems. Hong Kong, 2005：333-336.

4. Ping Dong,Jovan G Brankov, Nikolas P Galatsanos,Yongyi Yang,Franck Davoine. Digital Watermarking Robust to Geometric Distortions [J]. IEEE Transactions on Image Process,2005,14(12)：2140-2150.

5. S Pereira,T Pun. Robust template matching for affine resistant image watermarks [J]. IEEE Transactions Image Process. ,2000,9(6)：1123-1129.

6. S Pereira, T Pun. An iterative template matching algorithm using the chirp-Z transform for digital image watermarking [J]. Pattern recognition, 2000, 33 (1)：173-175.

7. S Voloshynovskiy, F Deguillaume, T Pun. Multibit digital watermarking robust against local nonlinear geometrical distortions [A]. In：Proceedings of IEEE International Conference on Image Processing 2001[C],Greece,2001,10：999-1002.

8. Xiaojun Qi,Ji Qi. A Robust Content-Based Digital Image Watermarking Scheme[J]. Signal Processing,2007,87(6)：1264-1280.

9. Wei Lu, Hongtao Lu,Fu-Lai Chung. Feature based watermarking using watermark template match [J]. Applied Mathematics and Computation,2006,177 (1)：377-386.

10. V Monga, D Vats, B L Evans. Image authentication under geometric attacks via structure matching [C]. in Proceedings of IEEE International Conference on Multimedia and Expo,2005：229-232.

11. Takashi Tachibana, Masaaki Fujiyoshi, Hitoshi Kiya. A watermarking scheme without reference images for broadcast monitoring [J]. Electronics and Communications in Japan,2004,87(9)：22-32.

第 **15** 章 　基于帧差纹理方向的自适应视频水印算法

15.1 　引言

数字水印的出现为解决数字产品的版权保护和安全性提供了新的思路,视频数字水印除了具有数字水印的一般特性,还必须能够进行盲检测,即在水印检测的时候不需要原始视频,只是根据收到的视频来检测水印。大多数视频以压缩格式存在,因此压缩域视频水印更具应用前景。

本章首先对基于运动估计的视频编码方法(如 MPEG2 的视频编码方法)中的帧差图像进行了分析,给出了帧差图像不可见噪声块的确定方案,在此基础上提出了一种基于帧差纹理方向的自适应视频水印算法,该算法利用参考帧和预测帧的纹理方向特征来确定基于累计能量的纹理方向块,并将其作为水印的嵌入区域,在保证嵌入水印不可见性的同时,使嵌入的信息量达到最大。该算法对于常规的图像攻击和视频攻击,像椒盐噪声、随机噪声、帧删除、帧平均等具有很好的鲁棒性。

15.2 　不可见噪声块的确定

基于运动估计和补偿的视频编码过程总体上要经历如下过程:首先将视频流分成一定数量的视频对象组(GOP),比如 MPEG2 中以 12 帧作为一个 GOP,每个 GOP 中的第一帧作为参考帧,其他的为预测帧;然后将参考帧和预测帧分别划分为 16×16 的不重叠的宏块进行运动估计和运动补偿,得到运动矢量和帧差图像；最后分别对参考帧图像、运动矢量和帧差图像进行相应的编码,形成编码码流。

在上述基于运动估计和补偿的视频编码过程中,帧差图像是由参考帧中的宏块与预测帧中对应宏块的差值所组成的,因此帧差图像的能量要比参考帧的能量小得多。我们把帧差看作是叠加在参考帧上的噪声,参照文献[1]中关于纹理图像的分类方法,可以把帧差图像分为"可见噪声"和"不可见噪声"两类。后面所给出的水印算法将把水印嵌入在不可见噪声块中。帧差图像的不可见噪声块的确定过程如下。

（1）将帧差图像划分为大小为 16×16 的不重叠的宏块,再将每个宏块划分为 4 个大小为 8×8 的块,并对每个帧差图像块和与其对应的参考帧块分别进行 DCT 变换。

（2）利用如图 12.2 所示模板,分别计算帧差图像和对应的参考帧中每个 DCT 变换系数块的三个方向的能量 $E_i(i=1,2,3)$,其中,$E_i=\sum_i \text{freq}_i^2$, freq_i 为帧差图像 8×8 的 DCT 变换系数块中位置 i 处的系数,这里位置 i 是指图 15.1 所示模板上的标号位置。

	1	1	1	1	1	1	1
3	2	1	1	1	1	1	1
3	3	2	2	1	1	1	1
3	3	2	2	1	1	1	1
3	3	3	3	2	2	2	2
3	3	3	3	2	2	2	2
3	3	3	3	2	2	2	2
3	3	3	3	2	2	2	2

图 15.1　纹理方向模板

（3）如果 $E_1=\max(E_1,E_2,E_3)$,则此块纹理方向是水平的；如果 $E_2=\max(E_1,E_2,E_3)$,则此块纹理方向是倾斜的；如果 $E_3=\max(E_1,E_2,E_3)$,则此块纹理方向是竖直的。

（4）如果块和与其对应的参考帧块的纹理方向相同,此帧差图像块即为不可见噪声块。

15.3　水印嵌入过程

15.3.1　嵌入帧的选择

　　首先根据嵌入水印图像的大小和视频流中 GOP 的个数,估算出平均嵌入每个 GOP 的信息量,选择密钥 K 确定每个 GOP 中的候选帧,按照 15.2 节中的算法判断该帧中是否存在"基于累积能量的纹理方向块",若存在则该帧可作为嵌入帧,并按照下列算法进行相应水印信息的嵌入,否则,按照密钥 K 继续在该 GOP 中选择下一帧作为候选帧,该过程一直进行下去,直到嵌入到该 GOP 中的水印信息被完成。

15.3.2　嵌入块的选择

　　嵌入块的选择主要通过下列强纹理块和它的纹理方向的确定来决定。

1. 强纹理块的确定

　　在 $8×8$ 的 DCT 系数块中直流系数(DC)表示了 $8×8$ 输入矩阵全部值的平均数,而其余 63 个交流系数(AC)的值则随着它与 DC 系数的距离增加而越来越小,该部分系数则表示了该块图像的高频信息,即纹理信息。人类视觉系统对叠加在背景上的纹理或噪声的阈值为 0.02,这样通过如下判定条件对所选择的块进行分类,即,若 $(0.02DC)^2 < \sum AC^2$,则此块为强纹理块,否则该为弱纹理块。水印将嵌入在强纹理块中。

2. 强纹理块纹理方向的确定

　　如果参考块为强纹理,并且满足帧差块和对应的参考帧块的纹理方向相同,即找到一个帧差块和其对应的 I 帧参考块同时满足 $E_i > \lambda E_k$ 和 $E_i > \lambda E_h$,其中,E_i、E_k 和 E_h 代表同一块中不同的纹理方向的能量,$\lambda \geq 1$ 为一权重系数(参见图 15.1,这里 $i,j,k \in \{1,2,3\}$,$i \neq k \neq h$,λ 可由实验统计获得,本章实验中 λ 为 1.05),则称此块为纹理方向块,此时 i 即为该纹理块的方向。

3. 基于累计能量的纹理方向块的确定

因为一个帧差块的能量很小,在噪声干扰下或在一般的视频处理中,单一块的纹理方向很难保持其稳定性,为了增强嵌入水印的鲁棒性,我们对上面的纹理方向块进一步改进,提出了基于累积能量的纹理方向块的概念,其确定过程如下。

Step1. 对帧差图像中的每个待检测块,按照从左到右、从上到下的顺序编号。

Step2. 对于待检测块 $i\left(1\leqslant i\leqslant\dfrac{M}{16}\times\dfrac{N}{16},M\right.$ 和 N 分别为帧的高度和宽度$\left.\right)$,分别计算该块在水平、倾斜和竖直方向的累积能量:

$$\mathrm{LE}_i^k = \sum_{j=1}^i \mathrm{LE}_j^k \tag{15.1}$$

其中,上标 k 表示纹理方向,且 $k\in\{1,2,3\}$,分别代表水平、倾斜和竖直纹理方向。

Step3. 如果待检测块 i 某个纹理方向的累积能量 E_i^k 与其他两个纹理方向的累积能量 $\mathrm{LE}_i^{k_1}$、$\mathrm{LE}_i^{k_2}$($k_1,k_2\neq k$ 且 $k_1,k_2\in\{1,2,3\}$)满足:

$$\mathrm{LE}_i^k > \lambda\mathrm{LE}_i^{k_1} \quad \text{且} \quad \mathrm{LE}_i^k > \lambda\mathrm{LE}_i^{k_2} \tag{15.2}$$

则转入 Step4;否则,$i=i+1$,转入 Step2。

Step4. 确定与块 i 对应的参考帧块,按照与 Step2 同样的方法,计算该参考帧块在水平、倾斜和竖直方向的累积能量。若其能量仍旧满足式(15.1),则确定该待检测块 i 为基于能量累计的纹理方向块,否则,该待检测块 i 不作为嵌入水印块。

Step5. 若 $i=(M/16)\times(N/16)$,过程结束;否则,$i=i+1$,转入 Step2;由 Step2 和 Step3 可知,随着检测块的增多,各个纹理方向的累积能量逐渐增大,根据这些较大数值判定出的纹理方向具有更强的鲁棒性。

由实验统计得知,对于大部分 16×16 块,若有一个 8×8 的 DCT 块为基于累计能量的纹理方向块,则其他三个 8×8 的 DCT 块也具有该块的特性,我们仅选出其中一块作为水印嵌入块(实验中我们选择了左上角的 8×8 的 DCT 块),这样可以减小因视频受到攻击,造成运动矢量改变对水印的影响。

15.3.3 嵌入位置的选择及嵌入公式

在被选中的嵌入块的中低频系数中选出 4 个系数作为嵌入位置,这 4 个系数有且仅有两个在同一纹理方向区。

设 freq 为被选中嵌入水印位的低频 DCT 系数,freq′ 为修改后的 freq值,w 为将要嵌入的水印值,a 为嵌入强度。修改 freq,使 freq′ 满足:

$$|\text{freq}'|\%a = \begin{cases} 3a/4, & w = 0 \\ a/4, & w = 1 \end{cases} \tag{15.3}$$

具体修改过程如下:

如果 $w=0$,那么

$$\text{freq}' = \begin{cases} \text{int(freq)} - 3a/4, & \text{if freq} < 0 \\ \text{int(freq)} + 3a/4, & \text{if freq} \geqslant 0 \end{cases} \tag{15.4}$$

如果 $w=1$,那么

$$\text{freq}' = \begin{cases} \text{int(freq)} - a/4, & \text{if freq} < 0 \\ \text{int(freq)} + a/4, & \text{if freq} \geqslant 0 \end{cases} \tag{15.5}$$

1. a 的选择

水印可以看作是叠加在视频帧上的噪声,而人眼视觉系统对叠加在背景上噪声的阈值是 0.02,由于直流系数集中了视频帧块的大部分能量,因此水印的量化嵌入强度 a 应小于直流系数的 0.02 倍,因此,本章取嵌入强度 $a = |\text{int}(a')|$,其中:

$$a' = \begin{cases} 0.0165 \times S, & H^2 + V^2 > 16 \\ 0.0145 \times S, & H^2 + V^2 \leqslant 16 \end{cases} \tag{15.6}$$

这里 H 为嵌入块的水平运动矢量,V 为嵌入块的竖直运动矢量,S 为所嵌入的帧差块的直流系数与所对应的参考块的直流系数的和。

2. 能量补偿

由于水印的嵌入会导致宿主块的能量改变,为了保持纹理方向区的能量不变,进一步增强鲁棒性,对水印嵌入块的能量变化进行修正,修正方案为：每选一个 freq 就在 freq 同一能量方向区靠近 freq，选一低频系数 $freq_1$ 为修正系数使得：

$$(freq_1')^2 = (freq_1)^2 - [(freq')^2 - freq^2] \qquad (15.7)$$

其中，$freq_1'$ 为修改后的 $freq_1$ 值。

15.3.4　进一步保证鲁棒性的嵌入策略

为了进一步增加算法的抗攻击能力，减小攻击引起的能量改变对水印的影响，在水印的嵌入过程中采用了如下两个策略。

1. 水印位的重复嵌入

一个水印位连续嵌入 7 次，并且每一次都不在同一宏块中嵌入。这样可以保证个别运动矢量出错，或少量水印嵌入位不能正确提取，也可以获得正确的水印。

2. 重同步

每嵌完一个水印图像，就转到下一个 GOP，进行重复嵌入，直到嵌完所有的视频图像。采用重同步嵌入方法有利于对抗帧删除和局部帧平均的攻击。

15.4　水印提取过程

15.4.1　水印的提取

按照密钥 K 继续在该 GOP 中选择下一帧作为候选帧，该过程一直进行下去，直到嵌入到该 GOP 中的水印信息被完成。水印的提取无需原始视频码流，具体过程如下。

(1) 强纹理块的确定。

检测每个帧中 16×16 宏块左上角的 8×8 的 DCT，若该块满足 $(0.02DC)^2 < \sum AC^2$，则此块为强纹理块，否则该块为弱纹理块。

(2) 若为强纹理块，根据 15.3.2 节中的 Step1～Step5 确定其是否为基于累计能量的纹理方向块。

（3）对满足（2）的强纹理块，计算该块运动向量的幅值 H^2+V^2，进一步根据式（15.8）确定 a：

$$a = \begin{cases} 0.0165 \times S, & H^2+V^2 > 16 \\ 0.0145 \times S, & H^2+V^2 \leqslant 16 \end{cases} \qquad (15.8)$$

（4）找到该块嵌入水印位的低频系数 q_freq，按照式（15.9）确定 tongi。

$$\text{tongj} = \begin{cases} \text{tongj}+1, & \text{if}(\,|\,\text{q\_freq}\,|\,\%\,|\,\text{int}(a)\,|) > |\,\text{int}(a)\,|/2 \\ \text{tongj}-1, & \text{if}(\,|\,\text{q\_freq}\,|\,\%\,|\,\text{int}(a)\,|) \leqslant |\,\text{int}(a)\,|/2 \end{cases}$$

$$\qquad (15.9)$$

因为每个水印位被重复嵌入 7 次，并且是在 7 个不同的块中，因此，重复（1）～（4）把一个水印位的 7 个嵌入位都提取出来，其中，tongj 是初值为 0 的整数，每提完 7 个嵌入位，它就被重新赋值为 0。

（5）提取的水印 $w' = \begin{cases} 0, & \text{tongj} > 0 \\ 1, & \text{tongj} \leqslant 0 \end{cases}$

（6）重复（1）～（5），直到一幅水印图像的 32×32 个水印位被提取。

（7）对所提取的水印进行相似度检测，如果满足要求提取结束；否则找到下一同步位，重复（1）～（6）的过程。

15.4.2 水印的相似度检测

视频数据量大，本章采用重同步策略，一个视频流中水印图像被重复嵌入多次（嵌入完成后视频流中存在多个同样的水印图像，并且每个水印图像在不同的视频段中，互不重叠）。由于嵌入水印后的视频图像在一般的视频处理过程中或攻击后，提取出的水印将有失真，但所嵌入水印的 GOP 由于自身特性的不同，失真程度并不一样，在实际应用中通常仅需要一个水印就能起到认证的作用，所以水印的提取过程中，每提取一个水印，就对其是否达到认证标准进行检测，即统计所提取出的该水印与原水印相符合的位数 kk，并记 $\text{NC} = \text{kk}/(\text{NN}_1 \times \text{NN}_2)$，其中，$\text{NN}_1$ 和 NN_2 分别为水印图像的长和宽，如果被提取的该水印的 $\text{NC} > \tau$（τ 为相似度门限值，可通过实验统计获得，本章实验中选取为 0.63），则满足条件，提取过程结束；否则对下一水印进行提取，并按上述过程计算该水印的 NC，并进行判断。

15.5 实验结果

实验选用的水印是一个 32×32 的二值图像,所用的视频是 CIF 格式的 stean 视频段,共 300 帧,图像大小是 352×288,对应的是 YUV 色彩空间,色度信号模式为 4:2:0,每秒 30 帧的播放格式。采用 MPEG2 格式,每 12 帧为一个 GOP 进行运动估计获取帧差。

图 15.2 是原始视频帧及原始水印,图 15.3 为嵌入水印图像后未经攻击的视频帧,它的平均 PSNR 值在 45 以上,人眼很难分辨出它与原始视频的差别。图 15.4 分别为未经攻击所提取的前 5 组水印及与原始水印的相似度。图 15.5～图 15.7 分别为视频帧经受各种攻击后的图像及提取出的水印图像。图 15.8 是每 6 帧删除一帧后提取的水印图像。

图 15.2　原始视频帧及原始水印图像

图 15.3　嵌入水印后未经攻击的视频帧

NC=0.985　　NC=0.978　　NC=0.999　　NC=0.985　　NC=0.994

图 15.4　提取出的前 5 组水印及其相似度

图 15.5　强度 0.05 的随机噪声攻击后视频帧及提取的水印图像

图 15.6　强度 0.005 的椒盐噪声攻击后视频帧及提取的水印图像

图 15.7　每 4 帧平均一帧攻击后视频帧及提取的水印图像

图 15.8　每 6 帧删除一帧后提取的水印图像

图 15.9 是在所有视频帧中加入 0.0025～0.02 的椒盐噪声后所得的实验结果：随着攻击加重得出的 PSNR 曲线图和相似度曲线图。图 15.10 是在所有视频帧中加入方差为 1～9 的高斯噪声后所得的实验结果：随着攻击加重得出的 PSNR 曲线图和相似度曲线图。

由图 15.9 和图 15.10 可以看出，该算法对于针对图像进行的噪声供给具有较好的鲁棒性：在增加 2% 的椒盐噪声的情况下水印的相似度仍然可以达到 0.5 左右；在增加方差为 9 的高斯噪声时相似度仍在 0.7 以上，水印

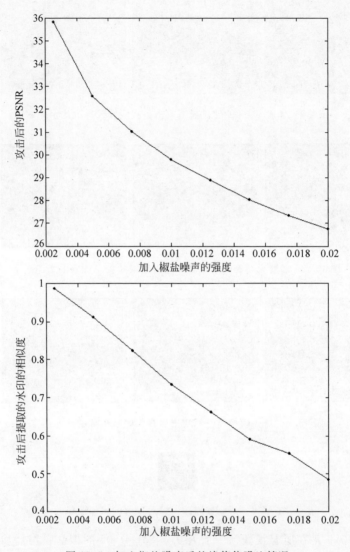

图 15.9 加入椒盐噪声后的峰值信噪比情况

仍能起到检测效果。

由于算法在嵌入过程中所用的帧数、帧的位置、每帧嵌入水印位的多少是一个依据视频特性的随机过程,因此在进行帧平均和帧删除的实验中给出的是有一组水印能够不被攻击的概率;表 15.1 是在帧平均攻击中每组攻击 1～12 帧后有一组水印不被影响的概率;表 15.2 是在帧删除攻击中每组

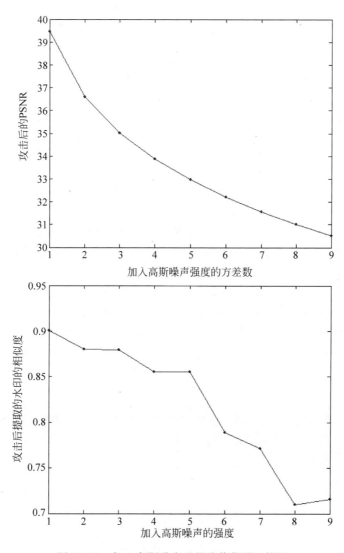

图 15.10 加入高斯噪声后的峰值信噪比情况

攻击 1~12 帧后有一组水印不被影响的概率。

表 15.1 帧删除后的实验结果

攻击帧数	1	2	3	4	5	6	7	8	9~12
提取概率	0.75	0.84	0.25	0.05	0.07	0.06	0.0007	0.0001	0

表 15.2　每组帧平均攻击后的实验结果

攻击帧数	1	2	3	4	5	6	7	8	9～12
提取概率	0.98	0.79	0.49	0.27	0.13	0.08	0.02	0.0061	0

由表 15.1 和表 15.2 可知：当帧删除率达到 25％时仍能有 1/4 使一组水印完整保存下来的概率；当帧平均达到 1/3 时,使一组水印完整保存下来的概率仍有 28％。对于帧平均和帧删除具有较好的鲁棒性。

小结

本章提出了一种基于帧差纹理方向的自适应视频水印算法,算法利用参考帧和预测帧的纹理方向特征来确定基于累计能量的纹理方向块,并将其作为水印的嵌入区域,在保证嵌入水印不可见性的同时,使嵌入的信息量达到最大。实验结果证明,算法对于常规的图像攻击和视频攻击,如椒盐噪声、随机噪声、帧删除、帧平均等具有很好的鲁棒性。

参考文献

1. 黄祥林,沈兰荪.基于 DCT 压缩域的纹理图像分类.电子与信息学报[J].2002,24(2): 216-221.

第16章 基于运动特征的视频水印算法

16.1 引言

视频是一帧帧运动的图像,因此它的运动特征是其最为主要的特征,依据它的运动特征来标志嵌入区域和嵌入帧,有利于视频水印的鲁棒性。

本章提出了一种基于运动特征的视频水印算法。该算法根据水平运动矢量的正负关系和竖直运动矢量的正负关系,把它们分为 4 个方向区,利用聚类原理和不同运动方向区的运动幅值,得到帧的对象数目这一运动特征,运用这一特征标志嵌入帧,根据人眼的视觉系统特性实现水印的嵌入,取得较好的鲁棒性。

16.2 不同运动对象区域的确定

对于视频来说,其运动分为全局运动和局部运动。全局运动是镜头的运动,局部运动是镜头内对象的运动,在进行运动估计后所得的运动矢量在概貌上是预测帧的图像块相对于参考帧位置变化的反映,背景块的运动矢量反映的是镜头运动的大小,对象块的运动矢量反映的是对象运动和镜头运动的叠加。所以在不同的运动对象区域,预测帧的运动矢量的某些特性表现为一定的簇聚性,如:运动矢量在特定的区域相同或相近,根据这种特性,本章选择运动矢量幅值这一运动特征对视频预测帧块进行分类。

16.2.1 聚类分析

（1）聚类是给定一个样本集 $X\{X_1, X_2, \cdots, X_n\}$，根据样本间的相似程度分割成几个类，这个过程称为聚类。相似的样本在同一类中，相异的样本在不同的类中。

（2）聚类的原理：对于一个样本集，先定义一个合适的度量，然后计算两个样本间的距离。当两个样本间的距离小于 d_0 时，这两个样本就属于同一类，距离阈值 d_0 影响类的大小与数目。d_0 越小，类的数目就越多，类就越小，反之，类的数目就越少，类就越大。如果两个类间的距离小于 d_0，这两个类就合并为一个类。而有的样本中有多个数据，需要确定一个数据作为这个样本的代表，这个数据就是质心。两个样本之间的距离就是两个样本质心的距离，因此在聚类过程中距离阈值和质心起重要作用。

（3）在现有的聚类方法中，有的要求在聚类之前确定类的个数（如 k-均值聚类方法），有的要求在聚类之前确定类间的距离阈值（如分裂的层次聚类方法）。但在本章中无论各个帧中对象区的个数，还是每帧中各个对象区在运动幅值差异的大小，都是依赖于视频特征的一个随机过程。因此，确定类的个数或距离阈值，也要求根据视频自身的特性。

本章首先对帧中的运动幅值进行统计，把一些具有代表性的数据点设定为类的质心，同时也就粗略设定了这一帧类的个数。

16.2.2 分类方法

（1）把运动矢量按水平方向的正负关系和竖直方向正负关系分成 4 个方向区：分别用 1、2、3、4 来表示，如式（16.1）中 dis 表示该宏块在第几方向区。

$$\mathrm{dis} = \begin{cases} 1 & H \geqslant 0 \text{ 且 } V > 0 \\ 2 & H < 0 \text{ 且 } V \geqslant 0 \\ 3 & H \leqslant 0 \text{ 且 } V < 0 \\ 4 & H > 0 \text{ 且 } V \leqslant 0 \end{cases} \tag{16.1}$$

（2）分别在每个运动矢量方向区上统计预测帧运动幅值的直方图。运动矢量幅值的计算：f 为运动矢量的幅值，H 为水平方向的运动矢量，V 为竖直方向的运动矢量。

$$f = H^2 + V^2 \tag{16.2}$$

（3）对于个数大于 α 的幅值把它作为聚类的质心，本章中 α 值为 6。

（4）对这一帧的运动幅值分别利用（3）的质心在各个方向区上进行聚类。以这些幅值作为质心进行聚类，被检测的运动幅值，分别与这些质心作差，得到不同的差值，这个运动幅值划归到差值绝对值最小的类中，直到一帧中所有的运动幅值都被检测，这样就得到和质心数目相同的类，它们在视频帧中分别代表不同的块状区域。每一个块状区域当作一个具有自身特性的对象区域。

（5）聚类公式：

$C_i = \min(|f_k - M_1|, |f_k - M_2|, \cdots, |f_k - M_j|, \cdots, |f_k - M_N|)$ 聚类的结果就是 f_k 被划分到 C_i 类中，其中，C_i 为类名，f_k 为被检测的运动幅值，M_j 为质心，N 为质心的个数。

（6）统计各个类中元素的个数，对于元素个数小于 10 或者这个类的元素的平均值小于 25 的类，不再作为一类（背景的运动一般比较小），得到这一帧中运动幅值在各个方向区的类个数。

16.2.3 分类的作用

把具有相同运动状态和少量相似运动状态的宏块分成一类，这样就得到一定数目的类，用运动对象的数目这一特性来标志帧具有较好的鲁棒性。在不影响可见性的情况下，想要改变运动对象的数目是相当困难的，因此有利于水印的提取。并且选取的帧是具有一定数目较大运动对象的帧，而人眼对运动越快的对象敏感程度越低，有利于水印的不可见性。本章的统计对象的方法，具有这样的特点：在一个视频帧中有多个运动对象存在的时候，是因为帧中有多个运动对象或者是有一个运动对象的不同部分有着不同的运动方式（如一个人走路时两腿和身体躯干的运动方式不同），这样的帧往往是较剧烈运动场面或者是某个运动物体的特写，在这样的帧中运动物体占有大幅的画面，水印嵌入这样的帧中有利于它的鲁棒性。

16.3 水印嵌入过程

就掩蔽性而言，高运动对象区域比低运动对象区域有更好的掩蔽性，因此水印选择嵌入在具有一定数目较大运动对象的特定帧。利用帧的自身特性实现嵌入帧位置的随机性,从而保证水印在应对攻击时的鲁棒性。

首先根据嵌入水印图像的大小和视频流中 GOP 的个数,估算出平均嵌入每个 GOP 的信息量,选择密钥 K 确定每个 GOP 中的候选帧,利用分类结果,每一个预测帧中都有一个对象区域数,如果对象区域数大于 β,此帧嵌入水印。实验中 β 取值为 2。若存在则该帧可作为嵌入帧,并按照下列算法进行相应水印信息的嵌入,否则,按照密钥 K 继续在该 GOP 中选择下一帧作为候选帧,该过程一直进行下去,直到嵌入到该 GOP 中的水印信息被完成。

设 freq 为被选中嵌入水印位的低频 DCT 系数,freq$'$ 为修改后的 freq 值,w 将要嵌入的水印值,a 为嵌入强度。修改 freq,使 freq$'$ 满足:

$$|\,\text{freq}'\,|\,\%a = \begin{cases} 3a/4, & w = 0 \\ a/4, & w = 1 \end{cases} \tag{16.3}$$

具体修改过程如下。

如果 $w=0$,那么

$$\text{freq}' = \begin{cases} \text{int(freq)} - 3a/4, & \text{if freq} < 0 \\ \text{int(freq)} + 3a/4, & \text{if freq} \geqslant 0 \end{cases} \tag{16.4}$$

如果 $w=1$,那么

$$\text{freq}' = \begin{cases} \text{int(freq)} - a/4, & \text{if freq} < 0 \\ \text{int(freq)} + a/4, & \text{if freq} \geqslant 0 \end{cases} \tag{16.5}$$

在 8×8 DCT 系数块中直流系数(DC)代表了这一块的概貌也可以说是平均灰度和背景,而交流系数(AC)则代表了纹理或噪声,而人眼视觉系统对叠加在背景上的噪声阈值是 0.02[75],而水印可以看作是叠加在视频帧上的噪声,这个值应小于直流系数的的 0.02 倍,因此,可令 $a = |\,\text{int}(a')\,|$,其中:

$$a' = \begin{cases} 0.0165 \times S, & H^2 + V^2 > 16 \\ 0.0145 \times S, & H^2 + V^2 \leqslant 16 \end{cases} \tag{16.6}$$

这里,H 为嵌入块的水平运动矢量,V 为嵌入块的垂直运动矢量,S 为所嵌入的帧差块的直流系数与所对应的参考块的直流系数的和。

为了进一步增加算法的抗攻击能力,减小攻击造成的能量改变对水印的影响,在水印的嵌入过程中采用了如下两个策略。

1. 水印位的重复嵌入

一个水印位连续嵌入 9 次,并且每一次都不在同一宏块中嵌入。这样可以保证个别运动矢量出错,或少量水印嵌入位不能正确提取,也可以获得正确的水印.

2. 重同步

每嵌完一个水印图像,就转到下一个 GOP,进行重复嵌入,直到嵌完所有的视频图像。采用重同步嵌入方法有利于对抗帧删除和局部帧平均的攻击。

16.4 水印检测

按照密钥 K 继续在该 GOP 中选择下一帧作为候选帧,该过程一直进行下去,直到嵌入到该 GOP 中的水印信息被完成。水印的提取分为以下 5 个步骤。

Step1. 利用公式上述的分类方法,分出不同的对象区域。

Step2. 计算对象区域数,如果对象区域数大于 β,从其中提取水印。

Step3. 水印的提取公式,对应嵌入水印位的系数 q_freq。

$$\text{tongj} = \begin{cases} \text{tongj} + 1, & \text{if}(\mid \text{q\_freq} \mid \% \mid \text{int}(a) \mid) > \mid \text{int}(a) \mid /2 \\ \text{tongj} - 1, & \text{if}(\mid \text{q\_freq} \mid \% \mid \text{int}(a) \mid) \leqslant \mid \text{int}(a) \mid /2 \end{cases}$$

$$(16.7)$$

直到一个水印位的 7 个嵌入位都已提取,其中,tongj 是初值为 0 的整数,每提完 7 个嵌入位,它就被重新赋值为 0。

Step4. 提取的水印 $w' = \begin{cases} 0, & \text{tongj} > 0 \\ 1, & \text{tongj} \leqslant 0 \end{cases}$

Step5. 重复(1)~(4),直到一幅水印图像被提取。对提出的水印图像进行反置乱。检查 $\text{NC} > \tau$ 是否成立,如果成立提取结束;否则找到下一同步位,重复(1)~(5)过程。

视频数据量大,因此一个视频流中能嵌入多组水印,由于嵌入水印后的视频图像在被攻击后,会导致提取出的水印失真,但所嵌入水印的 GOP 由于自身特性的不同,失真程度并不一样,在实际应用中仅需要一组水印就能起到认证的作用,当一组水印不能满足要求时,可以提取下一组水印,所以提取满足条件的水印组是视频水印的一个特点,但是否满足要求需要一个判定标准,这个标准本章采用的是水印的相似度检测。因此对二值水印进行如下相似度检测:如果 w' 等于 w,那么 kk++,NC=kk/(NN$_1$×NN$_2$);如果所有被提取的水印组的 NC 都不满足条件,那么取最大的 NC 作为提出的水印。这里,kk 的初值为 0,每提完一个水印图像,它又被重新赋值为 0;NC 为相似度;NN$_1$ 和 NN$_2$ 分别为水印图像的长和宽。τ 为相似度门限值,本章实验中取为 0.62。当所提取的水印大于或等于这个门限值时,水印满足要求,则提取完毕;或者不满足要求,转到下一组。

16.5　实验结果

　　实验选用的水印是一个 32×32 的二值图像,所用的视频是 GIF 格式的 stean 视频段,共 300 帧,图像大小是 352×288,对应的是 YUV 色彩空间,色度信号模式为 4:2:0,每秒 30 帧的播放格式。采用 MPEG2 格式,每 12 帧为一个 GOP 进行运动估计获取帧差。以下为对视频进行几种攻击后提取的水印。

　　图 16.1 是原始视频帧及原始水印。图 16.2 为嵌入水印图像后未经攻击的视频帧,它的平均 PSNR 值在 43 以上,人眼很难分辨出它与原始视频的差别。图 16.3 分别为未经攻击所提取的前 5 组水印及与原始水印的相似度。图 16.4 和图 16.5 分别为视频帧经受各种攻击后的图像及提取的水印图像。

图 16.1　原始视频帧及原始水印图像

　　实验表明,各组中所嵌入的水印对于保证提取较高质量水印的能力并不一样,攻击后所提取的水印质量在不同的组中也不会一样,有时会出现当前一组中的水印不能满足质量要求,从后一组提取的水印虽然攻击较重,但效果会比攻击较轻的前一组好。在折线图中表现为随着攻击加重,折线

图 16.2　嵌入水印后未经攻击的视频帧

NC=0.985　　　　NC=0.994　　　　NC=0.997　　　　NC=0.985　　　　NC=0.992

图 16.3　提取出的前 5 组水印及其相似度

图 16.4　方差为 1 的随机噪声攻击后视频帧及提取的水印图像（NC＝0.953）

图 16.5　强度 0.003 的椒盐噪声攻击后视频帧及提取的水印图像（NC＝0.949）

上扬。

　　图 16.6 为加入强度为 0.001～0.01 的椒盐噪声后所得的实验结果：随着攻击加重得出的 PSNR 曲线图和相似度曲线图。

　　图 16.7 是在所有视频帧中加入方差为 1～9 的高斯噪声后所得的实验结果：随着攻击加重得出的 PSNR 曲线图和相似度曲线图。

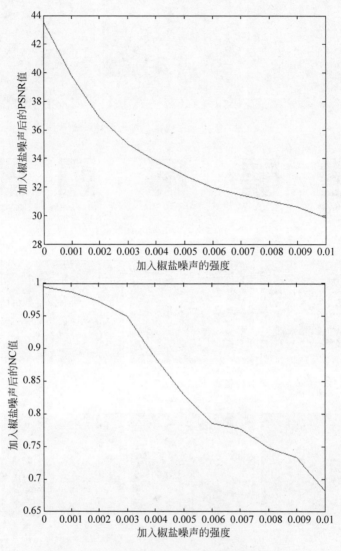

图 16.6　加入椒盐噪声后的峰值信噪比情况

　　由图 16.6 和图 16.7 可以看出,该算法对于针对图像进行的高斯和椒盐噪声攻击具有较好的鲁棒性:在增加方差为 9 的高斯噪声时相似度仍在 0.7以上,增加强度 0.01 的椒盐噪声后相似度也接近 0.7,水印仍能起到检测效果。

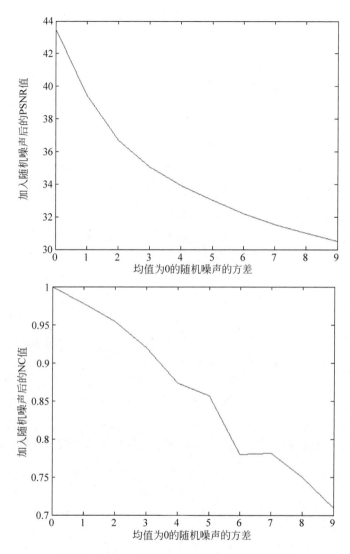

图 16.7　加入高斯噪声后的峰值信噪比情况

　　由于算法在嵌入过程中所用的帧的位置是一个依据视频特性的随机过程,因此在进行帧平均和帧删除的实验中给出的是有一组水印能够不被攻击的概率:表 16.1 是在帧平均攻击中每组攻击 1～12 帧后有一组水印不被影响的概率;表 16.2 是在帧删除攻击中每组攻击 1～12 帧后有一组水印不被影响的概率。

表 16.1　帧删除后的实验结果

攻击帧数	1	2	3	4	5	6	7	8	9～12
提取概率	0.98	0.93	0.87	0.78	0.25	0.08	0.004	0.021	0

表 16.2　每组帧平均攻击后的实验结果

攻击帧数	1	2	3	4	5	6	7	8	9～12
提取概率	0.99	0.96	0.87	0.81	0.78	0.47	0.19	0.0416	0

　　由表 16.1 和表 16.2 可知：当帧平均率达到 50％时仍能有 47％的概率使一组水印完整保存下来；当帧删除率达到 50％时,使一组水印完整保存下来的概率仍有 25％。对于帧平均和帧删除具有较好的鲁棒性。

小结

　　本章提出了一种基于运动特征的视频水印算法,算法根据高运动对象区域比低运动对象区域有更好的掩蔽性,选择将水印嵌入在具有一定数目较大运动对象的特定帧,并利用帧的自身特性实现嵌入帧位置的随机性,从而保证水印在应对攻击时的鲁棒性和较好的透明性。实验结果表明：本章算法保证了视频水印的不可见性,并对于常规的图像攻击如椒盐噪声、随机噪声攻击具有鲁棒性；而且对于视频特有的攻击如帧删除、帧平均也具有好的鲁棒性。